O Livro da Terapia de Aceitação e Compromisso para Crianças

A Artmed é a editora oficial da FBTC

```
B6271   Black, Tamar D.
           O livro da terapia de aceitação e compromisso para crianças :
        atividades divertidas para lidar com a preocupação, a tristeza e a
        raiva / Tamar D. Black ; tradução: Daniel Bueno ; revisão
        técnica: Ana Vera Niquerito Bozza. – Porto Alegre : Artmed, 2025.
           xxi, 117 p. ; 25 cm.

           ISBN 978-65-5882-294-3

           1. Terapia cognitivo-comportamental – Psicoterapia.
        2. Psicologia. I. Título.

                                                         CDU 159.9:616.89
```

Catalogação na publicação: Karin Lorien Menoncin - CRB 10/2147

Obra originalmente publicada sob o título *The ACT Workbook for Kids: Fun Activities to Help You Deal with Worry, Sadness, and Anger Using Acceptance and Commitment Therapy*, 1st Edition
ISBN 9781648481819

Copyright © 2024 by Tamar D. Black Instant Help Books
An imprint of New Harbinger Publications, Inc.
5720 Shattuck Avenue
Oakland, CA 94609
www.newharbinger.com

Gerente editorial: *Alberto Schwanke*

Coordenadora editorial: *Cláudia Bittencourt*

Assistente editorial: *Francelle Machado Viegas*

Capa sobre arte original: *Kaéle Finalizando Ideias*

Leitura final: *Marcela Bezerra Meirelles*

Editoração: *Matriz Visual*

Reservados todos os direitos de publicação, em língua portuguesa, ao
GA EDUCAÇÃO LTDA.
(Artmed é um selo editorial do GA EDUCAÇÃO LTDA.)
Rua Ernesto Alves, 150 – Bairro Floresta
90220-190 – Porto Alegre – RS
Fone: (51) 3027-7000

SAC 0800 703 3444 – www.grupoa.com.br

É proibida a duplicação ou reprodução deste volume, no todo ou em parte, sob quaisquer formas ou por quaisquer meios (eletrônico, mecânico, gravação, fotocópia, distribuição na Web e outros), sem permissão expressa da Editora.

IMPRESSO NO BRASIL
PRINTED IN BRAZIL

O Livro da Terapia de Aceitação e Compromisso para Crianças

ATIVIDADES DIVERTIDAS PARA LIDAR COM A PREOCUPAÇÃO, A TRISTEZA E A RAIVA

Tamar D. Black, PhD

Tradução:
Daniel Bueno

Revisão técnica:
Ana Vera Niquerito Bozza

Psicóloga. Coordenadora do Ateliê da Mente. Especialista em Neuropsicologia Clínica pelo Instituto de Psicologia Aplicada e Formação. Doutora em Ciências pelo Hospital de Reabilitação de Anomalias Craniofaciais da Universidade de São Paulo. Máster en ACT para Niños y Adolescentes y Padres pelo Madrid Institute of Contextual Psychology.

Porto Alegre
2025

A autora

Tamar D. Black, PhD, é psicóloga educacional e do desenvolvimento em Melbourne, Victoria, Austrália. Ela coordena um consultório particular que atende crianças, adolescentes, jovens adultos e pais. Tamar tem ampla experiência no fornecimento de supervisão clínica para psicólogos em início de carreira e também profissionais altamente experientes. Ela ministra treinamento em terapia de aceitação e compromisso (ACT) para clínicos e professores. É autora do guia profissional *ACT para o tratamento de crianças*.

Russ Harris, autor da Apresentação, é treinador ACT revisado por pares (Peer Reviewed ACT Trainer) e autor do *best-seller* baseado em ACT *A armadilha da felicidade*, que vendeu mais de 1 milhão de cópias e foi publicado em 30 idiomas.

Este livro é dedicado
às crianças e aos pais com
quem trabalho — do passado,
do presente e do futuro.
Obrigada por me permitirem
fazer parte de sua jornada.

Agradecimentos

Desejo reconhecer o povo Boonwurrung da nação Kulin como tradicionais proprietários e guardiões da terra em que resido e trabalho e na qual escrevi este livro. Presto minha reverência e meu respeito ao passado dos seus anciões, seu presente e seu futuro, e reconheço e apoio sua relação contínua com esta terra.

À equipe da New Harbinger Publications, muito obrigada, especialmente a Tesilya Hanauer — por ter me convidado a escrever este livro e por seu entusiasmo, sua orientação, seu apoio e sua assistência — e a Caleb Beckwith. À editora *freelancer* Elizabeth Dougherty, muito obrigada por toda a sua ajuda.

Ao meu marido e melhor amigo, Gavin, obrigada por seu amor, seu incentivo e seu apoio ilimitado. Às minhas filhas, Sara e Ariella, obrigada por sempre torcerem por mim. Aos meus pais, Ruth e David, obrigada por seu amor incondicional, seu incentivo e seu apoio aos meus sonhos.

Sobre O livro da terapia de aceitação e compromisso para crianças

"Um livro incrível, feito especificamente para crianças de 8 a 12 anos. Por meio de histórias com as quais podemos nos identificar, este livro apresenta atividades simples e práticas que ajudarão as crianças a lidar com as preocupações, a tristeza, a raiva e outras emoções intensas. O material poderá ser usado de forma independente ou com o apoio de um terapeuta ou de outro adulto. Os exercícios reunidos são ferramentas poderosas que promovem mais consciência, eficácia e autogentileza no gerenciamento de pensamentos e sentimentos. Parabéns à Tamar por esta obra que promete contribuir durante todo o período de desenvolvimento e além dele."

— **Steven C. Hayes, PhD**, um dos principais criadores da terapia de aceitação e compromisso (ACT, do inglês acceptance and commitment therapy)

"*O livro da terapia de aceitação e compromisso para crianças* é o material divertido, envolvente e útil que eu precisava em minha clínica e em minha própria família!"

— **Christopher Willard**, PsyD, professor da Harvard Medical School e autor de *Growing up Mindful*

"Exatamente o que os terapeutas que trabalham com crianças precisam: um guia encantador, prático, fácil e acessível para ensinar habilidades da ACT para crianças. Suspeito que as atividades deste livro serão tão divertidas que as crianças nem perceberão que estão aprendendo competências importantes para enfrentar as tempestades e os desafios da vida com atenção plena — acolhendo suas emoções com abertura e desenvolvendo confiança em sua capacidade para lidar com situações difíceis."

— **Lisa W. Coyne**, PhD, professora da Harvard Medical School e coautora de *Stuff That's Loud* e *Stop Avoiding Stuff*

"Este livro de exercícios está repleto de atividades que apoiam as sessões de aconselhamento com crianças. O leitor encontrará experiências divertidas, envolventes e fáceis de usar. As crianças podem praticar a expressão de seus sentimentos e pensamentos enquanto aprendem a ter consciência das respostas eficazes e ineficazes. Se você é um profissional ocupado, verá que as atividades são perfeitas para serem integradas ao seu trabalho."

— **Louise L. Hayes**, PhD, psicóloga clínica; fundadora da DNA-V; e autora de *Get Out of Your Mind and Into Your Life for Teens*; *Your Life, Your Way*; e *The Thriving Adolescent*

"Que obra adorável! *O livro da terapia de aceitação e compromisso para crianças* não é apenas muito bem construído e ilustrado mas também uma experiência de aprendizado convidativa e acessível às crianças. É uma jornada maravilhosa do início ao fim, na qual as crianças podem descobrir e se abrir para suas emoções e trabalhar no que é importante para elas. Uma maravilhosa pitada de aprendizado da autocompaixão também faz parte deste livro obrigatório para crianças!"

— **Robyn D. Walser**, PhD, psicóloga clínica licenciada; autora de *The Heart of ACT*; e coautora de diversos livros, incluindo *Learning ACT* e *The ACT Workbook for Anger*

"*O livro da terapia de aceitação e compromisso para crianças* é incrível, divertido e envolvente. Leitura obrigatória para crianças e terapeutas."

— **Ben Sedley**, psicólogo clínico e autor de *Stuff That Sucks*

"Não há como evitar: trabalhar com sentimentos e pensamentos intensos é difícil! Neste livro maravilhoso, Tamar Black traduz os processos centrais da ACT em uma variedade de atividades que são profundas, úteis e — ouso dizer — divertidas. Este não é um livro que você lê, é um livro que você faz. E é um livro que beneficiará todas as crianças que o conhecerem. Altamente recomendado!"

— **Russell Kolts**, PhD, autor de *CFT Made Simple, An Open-Hearted Life* e *Experiencing Compassion-Focused Therapy from the Inside Out*

"Este livro é uma joia absoluta. Ele me fez perceber o quanto eu precisava dele quando era criança. Comovente, fácil de ler e incrivelmente útil, ajudará crianças, terapeutas, professores, pais e qualquer pessoa que esteja buscando se conectar com sua criança interior. Prepare-se para embarcar em uma jornada transformadora, com a certeza de que você está em mãos excepcionalmente capazes."

— **Rikke Kjelgaard**, psicóloga, autora e treinadora ACT revisada por pares

"Uma ferramenta útil para crianças de 8 a 12 anos e seus pais. O livro utiliza exemplos de histórias para mostrar às crianças como lidar com pensamentos, sentimentos e sensações corporais desafiadoras. Os leitores são orientados por meio de atenção plena, construção de suporte, autocompaixão e identificação de valores à medida que descobrem que são muito mais do que suas experiências. Este é um livro obrigatório tanto para prevenção quanto para intervenção!"

— **Amy R. Murrell**, PhD, coautora de *The Joy of Parenting; To Be With Me;* e *The Becca Epps Series on Bending Your Thoughts, Feelings, and Behaviors*

"Este livro é um verdadeiro baú do tesouro, repleto de exercícios divertidos e envolventes para ajudar as crianças a aprender e entender até as experiências mais desafiadoras. Como um jogo interativo, este material é criativo, poderoso e divertido."

— **Janina Scarlet**, PhD, autora premiada de *Superhero Therapy*

"Um livro de exercícios de valor inestimável, que oferece atividades envolventes e cenários acessíveis para ajudar as crianças a entender e gerenciar melhor suas emoções. Esse recurso é essencial para pais, educadores e terapeutas, bem como oferece orientação gentil e criativa, incentivando as crianças a se tornarem mais resilientes e autoconscientes. Uma ferramenta altamente recomendada para crianças de 8 a 12 anos e seus cuidadores."

— **Mavis Tsai**, PhD, cocriadora da psicoterapia analítica funcional e fundadora do Projeto Global Awareness, Courage & Love

Apresentação

Fiquei muito animado quando soube que a Tamar estava escrevendo este livro. Eu esperava que ela o fizesse. Em 2022, Tamar escreveu um excelente livro didático para conselheiros e terapeutas chamado *ACT para o tratamento de crianças*. Este novo livro de exercícios para crianças é um complemento fantástico.

E, caramba, estamos precisando disso porque a triste verdade é que, embora a sociedade dê grande importância a ensinar as crianças a ler, escrever e fazer contas, há muito menos ênfase em habilidades igualmente importantes para a vida, como lidar com pensamentos e sentimentos dolorosos e fazer coisas difíceis com as quais você realmente se importa.

É aí que entra este livro. Embora seja baseado na ACT, trata-se de um livro útil para qualquer criança — não apenas para aquelas que, por um motivo ou outro, procuram um terapeuta. Por que estou dizendo isso? Porque *todas as crianças sofrem*. Toda criança se depara com o fracasso, a decepção e a rejeição. Toda criança experimenta emoções difíceis, como tristeza, raiva e ansiedade. E toda criança tem pensamentos autocríticos sobre não ser boa o suficiente.

Quanto mais cedo as crianças aprenderem a lidar efetivamente com esses aspectos inevitáveis e dolorosos da vida, melhor. Este livro ajuda a tornar isso possível. As atividades apresentadas são simples, poderosas, envolventes, lúdicas e práticas. As crianças podem realizá-las sozinhas — ou com a ajuda de um terapeuta ou outro adulto. À medida que estudarem este livro, as crianças desenvolverão um conjunto de habilidades que realmente melhoram a vida.

Elas aprenderão a enfrentar dificuldades, medos e desafios, recuperar-se de reveses e decepções, tratar a si mesmas com compaixão, descobrir o que é realmente importante para elas, fazer coisas que de fato importam — e lidar de forma eficaz com todos os pensamentos e sentimentos difíceis que a vida apresenta para todos nós.

Quer a criança em questão seja um de seus filhos ou um cliente com quem você trabalha, tenha certeza de que ela está em boas mãos. Aproveite a jornada.

—RUSS HARRIS

Autor de *A armadilha da felicidade*

Uma carta aos pais e aos profissionais

Olá, sou Tamar Black, psicóloga educacional e do desenvolvimento na Austrália, com mais de 20 anos de experiência trabalhando como psicóloga escolar e em consultório particular. Trabalho com crianças, adolescentes e orientação de pais. Tenho experiência em ACT e também escrevi o livro *ACT para o tratamento de crianças*, direcionado a terapeutas. Este livro de atividades é para crianças de 8 a 12 anos de idade, para ajudá-las a lidar com preocupação, tristeza, raiva e outros pensamentos e sentimentos intensos. A realização das atividades com um terapeuta ou outro adulto também pode beneficiar crianças mais novas que estejam lutando contra emoções difíceis. Você conhecerá três crianças fictícias — Maria, Adriano e Lia — e as acompanhará em sua jornada, aprendendo como elas se beneficiaram com o uso da ACT.

As crianças não precisam fazer todas as atividades deste livro — você pode ajudá-las a selecionar algumas ou elas podem decidir por conta própria. Dependendo da idade, talvez você precise ajudá-las a soletrar ou escrever, e há algumas atividades manuais nas quais elas podem necessitar da sua ajuda. Não recomendo ler o livro inteiro de uma só vez — tente fazer duas ou três atividades por semana. Quanto mais as crianças praticarem as técnicas em sua vida cotidiana, mais usarão o que aprenderam para lidar com seus pensamentos e sentimentos.

Se você é terapeuta, não precisa de nenhum treinamento prévio ou conhecimento da ACT para utilizar este livro com seus clientes. Recomendo também a leitura de meu outro livro, *ACT para o tratamento de crianças*, e a utilização deste livro como complemento. Você pode usar as atividades apresentadas aqui em sessões de terapia com crianças e selecionar algumas como tarefas de casa para que elas façam sozinhas ou sob a supervisão dos pais.

Muito obrigada pela leitura,

Tamar

Uma carta às crianças

Olá! Meu nome é Tamar. Sou psicóloga infantil. Converso com as pessoas e tento ajudá-las a lidar com seus pensamentos e sentimentos. Algumas crianças com quem trabalho me chamam de "médica falante". Trabalho em uma escola e em uma clínica há mais de 20 anos. Também auxilio os pais a ajudarem seus filhos a lidar com seus sentimentos.

Escrevi este livro para crianças de 8 a 12 anos de idade para ajudá-las a lidar com sentimentos intensos, como preocupação, tristeza e raiva. Você pode ler este livro sozinho, ou pode lê-lo com um de seus pais ou outro adulto. Ensinarei atividades que você pode fazer para ajudar a si mesmo. Você pode experimentá-las mesmo que não esteja tendo nenhum sentimento difícil no momento. Neste livro, você conhecerá Maria, Adriano e Lia, três crianças que aprendem a lidar com seus pensamentos e sentimentos.

As atividades ensinarão diferentes maneiras de lidar com pensamentos e sentimentos. Elas auxiliarão você a se ajudar quando se sentir preocupado, triste, com raiva ou quando tiver outros sentimentos. Tente fazer as atividades duas ou três vezes por semana. Quanto mais você praticar, melhor se tornará em usar o que aprendeu quando precisar de ajuda para lidar com seus pensamentos e sentimentos.

Muito obrigada pela leitura.

Tamar

Sumário

Seção 1: Lidando com seus pensamentos e sentimentos

Atividade 1	Sentimentos com os quais você gostaria de receber ajuda	4
Atividade 2	Régua do "quanto você se importa"	6
Atividade 3	Quando seus pensamentos e sentimentos aparecem	9
Atividade 4	Seu mapa corporal	11
Atividade 5	Qual é a aparência dos seus sentimentos?	14

Seção 2: Deixe acontecer e deixe ir

Atividade 6	Não pense em "sorvete"	20
Atividade 7	Deixando seus pensamentos fluírem	21
Atividade 8	Convidando seus pensamentos e sentimentos	23
Atividade 9	Escolhendo ações úteis	26
Atividade 10	Cumprimentando seus pensamentos e sentimentos	28
Atividade 11	Fazendo uma garrafa de *glitter*	31
Atividade 12	Trocando mensagens em um telefone celular	34
Atividade 13	Dando um título de filme a seus pensamentos	36
Atividade 14	Imaginando cabines em uma roda-gigante	38
Atividade 15	Cantando seus pensamentos	40
Atividade 16	Soprando bolhas de sabão	41
Lembretes: Deixe acontecer e deixe ir		43

Seção 3: Escolha o que importa e faça o que importa

Atividade 17	Coisas com as quais você se importa	48
Atividade 18	A varinha mágica	50
Atividade 19	Agenda para fazer coisas que lhe interessam	52
Atividade 20	As escolhas de Adriano	55
Atividade 21	Fazendo uma caixa do tesouro	57
Atividade 22	O quê? Como? Qual?	60
Atividade 23	Caça-palavras	64
Lembretes: Escolha o que importa e faça o que importa		67

Seção 4: Fique aqui e observe-se

Atividade 24	O polvo flexível	72
Atividade 25	Fique aqui enquanto come	74
Atividade 26	Fique aqui enquanto respira	76
Atividade 27	Fique aqui enquanto adormece	77
Atividade 28	Imaginando uma placa de PARE	78
Atividade 29	A montanha dos sentimentos	80
Atividade 30	No fundo do mar	82
Atividade 31	Passeio em um balão	84
Atividade 32	Folhas de uma árvore	86
Atividade 33	Um navio parado e tranquilo	88
Lembretes: Fique aqui e observe-se		90

Seção 5: Seja gentil e atencioso consigo mesmo

Atividade 34	Pote de declarações gentis e atenciosas	95
Atividade 35	Fazendo um discurso sobre alguém de quem você gosta	98
Atividade 36	Lembretes com letras	99
Atividade 37	Fazendo amizade com sua mente	100
Atividade 38	Imaginando um lugar calmo e tranquilo	102
Atividade 39	Pensamentos, sentimentos e ações	104
Atividade 40	Caça-palavras	108
Lembretes: Seja gentil e atencioso consigo mesmo		110

Seção 6: Juntando tudo

Atividade 41	Formando sua equipe	114
Atividade 42	Seu *kit* de ferramentas de enfrentamento	116
Referências		121
Recursos para atividades		122

SEÇÃO 1

Lidando com seus pensamentos e sentimentos

Em geral, sua mente está muito ocupada, pensando muito. Sua mente também tem muitos sentimentos. Às vezes, seus pensamentos e sentimentos são muito intensos. Neste livro, você aprenderá maneiras de lidar com seus pensamentos e sentimentos. Mas primeiro eu quero lhe apresentar três crianças.

APRESENTANDO MARIA, ADRIANO E LIA

Maria, Adriano e Lia tiveram dificuldade em lidar com seus pensamentos e sentimentos. Então, eles aprenderam novas maneiras de lidar com sentimentos desafiadores, como ficar preocupado, triste ou com raiva. Eles usam essas ações em casa, na escola e em outros lugares, como *shopping*, festas, eventos esportivos e casas de amigos.

Agora, vamos conhecer Maria, Adriano e Lia.

MARIA, 12 anos de idade

Maria tinha muitas preocupações. Com frequência, sua mente lhe dizia que algo ruim iria acontecer. Sua mente tinha *muito* poder sobre ela, pois Maria acreditava em tudo o que ela dizia. Maria se preocupava em ir a lugares como a escola, a casa de amigos, o consultório médico e o *shopping*. Ela também se preocupava em fazer viagens com a família. Maria não queria sair de casa quando estava preocupada. Seus pais queriam levar seus irmãos e ela a lugares interessantes, mas Maria não queria ir porque se preocupava muito. Ela se sentia triste por não ter ido à escola e por não ter se divertido com seus amigos. Ela queria poder ir à escola e a outros lugares também.

ADRIANO, 10 anos de idade

Adriano sempre ficava irritado e com raiva quando seus pais lhe pediam ajuda. Ele se sentia da mesma forma quando um professor pedia para ver sua lição de casa ou quando os colegas da escola não faziam o que ele queria. Quando Adriano se sentia irritado e com raiva, seu corpo ficava muito quente e seu estômago ficava apertado. Ele também gritava e chorava. Às vezes, chutava uma parede ou batia em uma porta. Em casa, ele discutia muito. Suas irmãs não queriam brincar com ele porque tinham medo dele. Na escola, as crianças também não queriam brincar com ele. Elas temiam que Adriano começasse a gritar caso não ganhasse os jogos. Adriano também ficava chateado e irritado quando os lugares eram barulhentos. Ele queria que a sala de aula e sua casa fossem muito silenciosas. Ele achava que ninguém entendia seus pensamentos e sentimentos. Adriano também se sentia muito solitário.

LIA, 8 anos de idade

A família de Lia deu a ela um cachorro em seu aniversário de 4 anos. Ela o chamou de Bob. Lia gostava muito de Bob. Ela gostava de escová-lo, de ajudar a lhe dar banho, alimentá-lo e levá-lo ao parque. Bob ficou doente e um dia morreu. Lia ficou muito triste e sentia muita falta dele. Ela ficava preocupada porque, quando estava na escola ou na casa de amigos, pensava em Bob e chorava. Ela se esforçava muito para esquecer Bob. Mas por mais que se esforçasse, ela continuava pensando nele. Ela não sabia o que fazer com seus pensamentos e sentimentos. Era difícil para Lia se divertir brincando com seus amigos e ir às suas casas porque sua mente não parava de pensar em Bob.

Sentimentos com os quais você gostaria de receber ajuda

Observe os sentimentos apresentados a seguir e na próxima página e pense para quais deles você gostaria de receber ajuda. Esses sentimentos podem aparecer quando você se sente preocupado, triste ou com raiva. Você pode escrever o nome de outros sentimentos com os quais gostaria de ajuda nas formas vazias. *Faça um círculo em torno dos sentimentos que você escolheu ou pinte suas formas.*

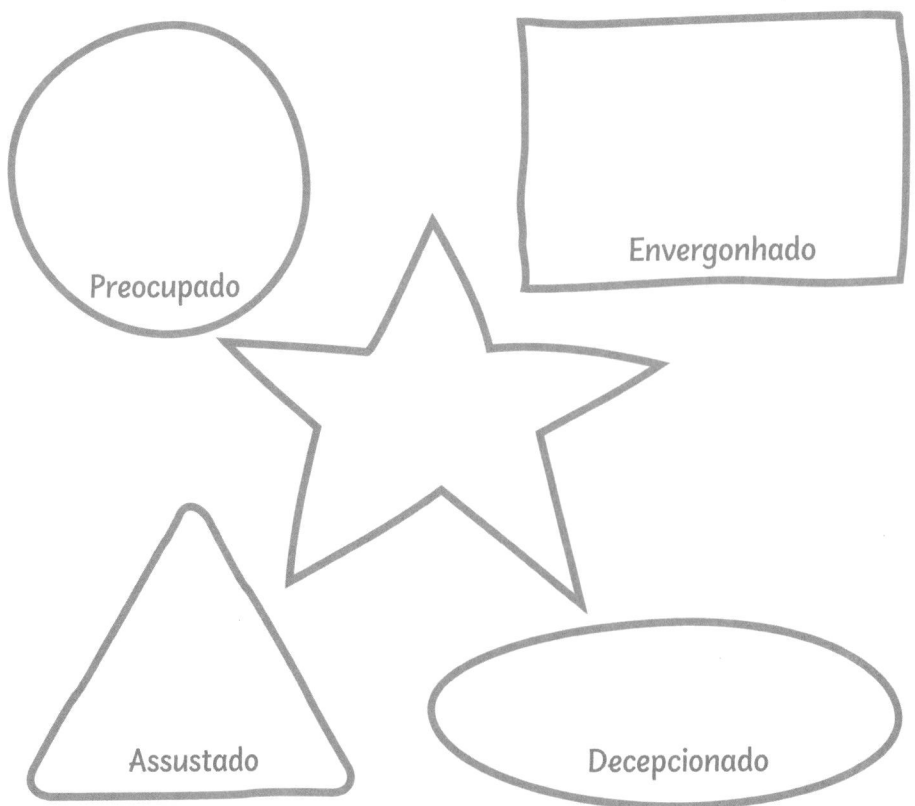

Régua do "quanto você se importa"

Às vezes, seus sentimentos são muito desafiadores. Quando você se sentir muito preocupado, triste ou zangado, é útil perguntar a si mesmo o quanto você se importa com o que o preocupa, entristece ou zanga. Pensar no quanto você se importa com algo pode ajudá-lo a entender e descrever seus sentimentos. Isso também pode ajudá-lo a decidir se deve ou não reagir. Mas você também pode optar por não reagir, ou reagir apenas um pouco, mesmo quando seus sentimentos são intensos.

Esta atividade usa uma régua para ajudá-lo a medir o quanto você se importa com algo. Isso pode ajudá-lo a decidir se vale a pena ficar preocupado, triste ou com raiva. Também pode ajudá-lo a se acalmar. Por exemplo, você estava ansioso para andar de bicicleta hoje, mas descobre que o pneu da sua bicicleta está furado. As lojas de bicicletas estão fechadas. Você se sente muito irritado e tem vontade de gritar. Você se acalma dizendo a si mesmo que, por se importar com andar de bicicleta, está desapontado por não poder andar. Você espera que seus pais consigam consertar o pneu logo.

As réguas a seguir são numeradas de 0 a 10

- O número 0 é algo com o qual você se importa, mas não muito. Por exemplo: está quente hoje.

- O número 10 é algo com que você se importa muito. Você ficaria muito preocupado, triste ou zangado se isso acontecesse. Por exemplo: você está muito animado para ir a um passeio, mas quebra a perna no dia anterior e não pode ir.

Use os números para medir o quanto você se sente preocupado, triste ou zangado. À medida que os números aumentam, os corações aumentam de tamanho. Os corações mostram o quanto você se importa. Quanto maior o coração, mais você se importa e tem esse sentimento.

PREOCUPADO

- Imagine algum acontecimento com o qual você se sentiria muito preocupado. *Escreva o que deixou você muito preocupado ao lado do número 10.*

- Pense em alguma coisa com a qual você não se preocuparia nem um pouco. *Escreva o que não deixou você preocupado ao lado do número 0.*

TRISTE

- Imagine algum acontecimento com o qual você se sentiria muito triste. Escreva o que deixou você muito triste ao lado do número 10.

- Pense em alguma coisa com a qual você não se importaria nem um pouco. Escreva a situação com a qual você não se importaria ao lado do número 0.

ZANGADO

- Imagine algum acontecimento com o qual você se sentiria muito zangado. Escreva o que deixou você muito zangado ao lado do número 10.

- Pense em algum acontecimento com o qual você não se sentiria nem um pouco zangado. Escreva uma situação em que você não se sentiria nem um pouco zangado ao lado do número 0.

Quando seus pensamentos e sentimentos aparecem

Saber quando seus pensamentos e sentimentos aparecem pode ajudá-lo a estar preparado para o que poderá sentir. Assim, você saberá o que fazer para se ajudar. Nesta atividade, você pensará em exemplos de coisas que o fazem sentir-se preocupado, com raiva ou triste. Em seguida, você escreverá mais detalhes. Escrevi um exemplo para você.

- Na coluna "O que acontece" da tabela a seguir, escreva coisas que acontecem que fazem você se sentir preocupado, triste ou com raiva.

- Preencha as próximas três colunas escrevendo onde isso acontece, o que sua mente pensa e como você se sente.

- Olhe novamente para a régua "do quanto você se importa" da Atividade 2 e para as coisas que você classificou como 10. Essas são coisas com as quais você se importa muito. Elas fariam você se sentir muito preocupado, triste ou com raiva se acontecessem. Na última coluna da tabela, escreva um número de 0 a 10. Escolha um número que mostre o quanto você se importa com o que acontece em comparação com as coisas que o deixariam muito chateado.

O QUE ACONTECE	ONDE ISSO ACONTECE	O QUE MINHA MENTE PENSA	COMO EU ME SINTO	NÚMERO NA REGUA DO "QUANTO VOCÊ SE IMPORTA"
Hoje não vai passar meu programa de TV favorito	Em casa	Quero chutar a televisão	Com raiva	4

ATIVIDADE 4

Seu mapa corporal

Quando você se sente preocupado, pode sentir um aperto no estômago. Quando se sente triste, pode chorar. Quando sente raiva, seu rosto, suas orelhas, seu pescoço e o resto do seu corpo podem ficar quentes, como se sua pele estivesse queimando. Os corpos de pessoas diferentes reagem de maneiras diferentes a sentimentos diferentes.

Vamos fazer uma atividade para descobrir onde seus sentimentos se manifestam em seu corpo.

COMO FAZER O MAPA CORPORAL

Antes de começar, pergunte aos seus pais se você pode pegar uma foto sua para recortar e colar nesta página, ou se eles podem imprimir uma foto sua. A foto deve mostrar todo o seu corpo. Se não tiver uma foto, você pode fazer um desenho de si mesmo.

MATERIAIS

- Foto de si mesmo que mostre todo o seu corpo
- Cola ou fita adesiva
- Marcador, caneta ou lápis colorido

INSTRUÇÕES

- Corte todo o fundo da foto, de modo que o que reste seja apenas seu corpo na foto. Talvez seja necessário pedir ajuda a um de seus pais.

- Cole ou anexe a foto com fita adesiva na imagem do porta-retratos.

- Pense em que parte do seu corpo você se sente preocupado, triste ou com raiva. Escreva o sentimento próximo a essa parte do corpo.

- O que você poderia fazer para acalmar essas partes do corpo quando se sentir preocupado, triste ou com raiva? Escreva isso ao lado dos sentimentos.

- Quando você se sentir preocupado, triste ou com raiva, olhe para o mapa corporal como um lembrete de onde seus sentimentos aparecem e o que fazer para acalmar essas partes do corpo.

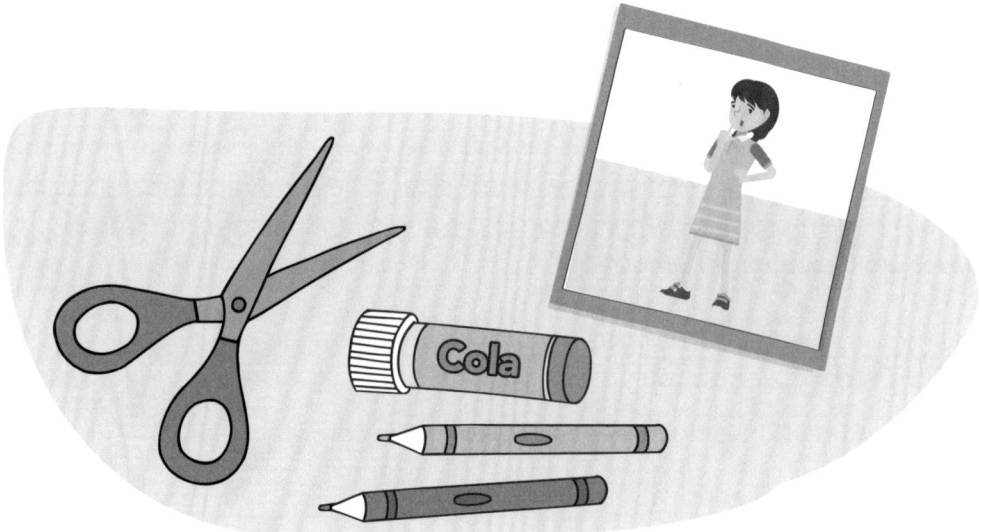

Qual é a aparência dos seus sentimentos?

Pense em um sentimento que faça você sentir muita preocupação, tristeza ou raiva. Agora, imagine como seria esse sentimento se você pudesse vê-lo. Ele é grande ou pequeno? Qual é a cor dele? Que nome você daria a esse sentimento?

Quando você se sentir preocupado, triste ou com raiva, imagine que está vendo o sentimento. Depois, dê um nome a ele. Isso ajudará você a entender como está se sentindo. Talvez o sentimento não seja mais tão intenso.

Desenhe ou pinte esse sentimento na próxima página. Em seguida, escreva o nome do sentimento acima do desenho.

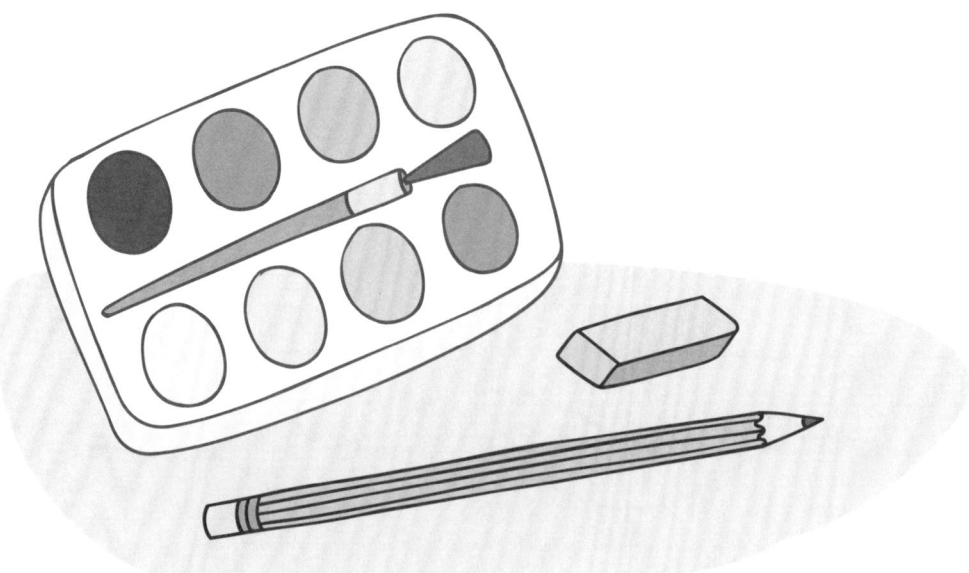

SEÇÃO 2

Deixe acontecer e deixe ir

À s vezes, as coisas têm um resultado diferente do que você esperava. Você consegue lembrar de um momento desses? Talvez pela manhã o sol estivesse brilhando e o céu estivesse azul. Você planejou praticar esportes no intervalo do almoço antes de ir para a escola. Mas pouco antes do almoço, o céu se encheu de nuvens grandes e escuras. Choveu durante todo o horário de almoço, então você teve de ficar em casa.

Nem sempre sabemos como as coisas vão ser, e isso não é problema.

Agora você aprenderá a usar o *deixe acontecer e o deixe ir* para lidar com seus pensamentos e sentimentos. Quando você permite que seus pensamentos e sentimentos aconteçam, e depois os deixa ir embora, eles não são tão poderosos. Isso pode ajudar você a se tornar mais poderoso.

DEIXE ACONTECER

Deixe acontecer significa não fazer nada com seus pensamentos e sentimentos. Você não tenta se livrar deles ou pensar em outra coisa. Em vez disso, seus pensamentos e sentimentos podem estar presentes. Deixar acontecer é geralmente um ótimo ponto de partida para começar a tentar lidar com seus pensamentos e sentimentos.

Adriano deixa acontecer

Adriano se preocupava com o fato de os lugares serem barulhentos e se esforçava muito para não pensar nisso. Mas quanto mais ele tentava, mais sua mente se preocupava. Adriano tentava pensar em outras coisas, como o que havia para jantar, ou brincar com seu porquinho-da-índia de estimação. Mas suas preocupações com o barulho não desapareciam. Adriano sentia *muita* raiva. Ele também se sentia irritado.

Então Adriano aprendeu a deixar seus pensamentos fluírem. Ele deixava sua mente pensar o que quisesse, até sobre o barulho. Ele praticava deixar seus pensamentos e sentimentos acontecerem todos os dias. Isso significa que ele parou de tentar dizer à sua mente para não pensar nas coisas. Ele até dizia à sua mente que ela poderia pensar no que quisesse. Adriano parou de tentar se livrar de seus pensamentos. Quando ele deixava seus pensamentos fluírem, ficava bem. Seus pensamentos não o machucavam.

DICA

Tentar se livrar de seus pensamentos e sentimentos lhes dá mais poder. Em vez disso, tente deixá-los fluir quando estiver em casa, na escola ou em outro lugar.

DEIXE IR

Quando seus pensamentos são muito intensos, pode parecer que eles estão presos a você. Quando você os *deixa ir*, vê seus pensamentos como apenas pensamentos que nem sempre são verdadeiros. Você não precisa acreditar em tudo o que sua mente lhe diz. Isso ajuda a torná-los menos poderosos. Deixar ir pode ajudá-lo a seguir em frente rapidamente quando se sentir preocupado, triste, zangado ou com outros sentimentos fortes. Isso também pode ajudá-lo a brigar menos com suas emoções intensas e difíceis.

Maria deixa ir

A família de Maria quer ir ao parque na próxima semana para fazer um piquenique, mas Maria tem medo de tempestades e se preocupa com a possibilidade de chover. Ela se preocupa em se molhar e passar frio. Quanto mais ela tentava não pensar em chuva e tempestades, mais preocupada e assustada ficava. Maria estava triste. Ela não queria perder o piquenique.

Então, Maria aprendeu a deixar seus pensamentos passarem. Ela parou de acreditar em tudo o que sua mente lhe dizia. Seus pensamentos pareciam menos poderosos. Ela conseguiu ir ao piquenique e, quando sua mente se preocupava com a chuva e as tempestades, ela dizia para si mesma: "Estou pensando que pode chover". Isso ajudou Maria a aproveitar o piquenique. Isso também a ajudou a fazer coisas como ir à escola, ir à casa de amigos e ir ao *shopping*, mesmo quando sua mente estava preocupada.

DICA

Quando tiver um pensamento, tente dizer: "Estou tendo o pensamento de que..." seguido do pensamento. Por exemplo, se achar que está preocupado, tente dizer: "Estou tendo o pensamento de que estou preocupado". Ou você pode dizer: "Minha mente está me dizendo que estou preocupado".

ATIVIDADE 6

Não pense em "sorvete"

A atividade a seguir é como um experimento para saber se você é capaz de dizer à sua mente para não pensar em algo. Gostaria de convidá-lo a tentar não pensar em sorvete.

Observe a imagem da casquinha de sorvete. Deixe sua mente pensar no que quiser. Mas não pense em sorvete! Não pense no sabor de seu sorvete predileto, qual é a sensação dele em sua língua, ou se gosta dele em uma casquinha ou em um copo.

Como foi isso? Em que você pensou? Você conseguiu não pensar em sorvete? Eu não consegui. Minha mente ficava pensando no sorvete derretendo e escorrendo pela casquinha. *Foi fácil não pensar em sorvete ou foi difícil?*

ATIVIDADE 7

Deixando seus pensamentos fluírem

Vamos fazer uma atividade para ajudá-lo a escolher alguns pensamentos que você gostaria de tentar deixar que aconteçam.

- Na primeira coluna da tabela da próxima página, escreva alguns pensamentos que você tenta dizer à sua mente para *não* pensar.

- Na coluna seguinte, para cada pensamento, escreva se isso é fácil ou difícil de fazer.

- Escolha um ou dois pensamentos que você gostaria de praticar deixar acontecer.

- Destaque esses pensamentos com um marcador de cor clara ou faça um círculo ao seu redor.

- Durante a semana, tente praticar deixar que esses pensamentos aconteçam.

Você pode voltar a essa atividade para se lembrar dos pensamentos que tentará deixar que aconteçam.

EM QUAIS PENSAMENTOS VOCÊ TENTA DIZER À SUA MENTE PARA *NÃO* PENSAR	ISSO É FÁCIL OU DIFÍCIL DE FAZER?

Atividade 8: Convidando seus pensamentos e sentimentos

Quando você se sente preocupado, triste, com raiva ou com alguma outra emoção intensa, às vezes sua mente lhe diz que você deve ficar em casa ou no quarto até se sentir melhor. Quando você acredita em tudo o que sua mente lhe diz, você dá a ela muito poder.

Em vez de tentar se livrar de seus pensamentos e sentimentos, tente convidá-los a se juntar a você. Talvez você possa imaginar que seus pensamentos e sentimentos possam segurar sua mão, caminhar ao seu lado ou andar com você. Isso pode ajudar você a ser mais poderoso. Veja o que aconteceu com Lia quando pediu a seus sentimentos tristes que se unissem a ela.

A história de Lia

Quando acordei de manhã e lembrei que meu cachorro Bob havia morrido, fiquei triste. Queria que ele ainda estivesse correndo e abanando o rabo. Eu me esforçava muito para não pensar no Bob. Minha mãe me disse para pensar em coisas alegres, mas isso não funcionou. Quanto mais eu tentava esquecer o Bob, mais triste eu me sentia! Aprendi que não precisava me livrar do sentimento de tristeza. Em vez disso, eu poderia pedir à tristeza que se juntasse a mim. Parei de tentar esquecer o Bob. Quando chegou a hora de ir para a escola, eu disse: "Vamos, tristeza, é hora de ir para a escola agora". Na escola, eu ficava bem quando minha mente pensava no Bob e me dizia que eu estava triste. Foi então que eu percebi que poderia continuar fazendo meu trabalho.

O que sua mente lhe diz para fazer quando você se sente preocupado, triste, com raiva ou com outro sentimento intenso? *Escreva suas respostas nas linhas a seguir.*

Crie um convite para seus pensamentos e sentimentos, chamando-os para se juntarem a você. Decore o convite com cores ou adesivos.

Você está convidado

ATIVIDADE 9 — Escolhendo ações úteis

Às vezes, quando nos sentimos tristes, fazemos coisas que não ajudam. Quando você se sente triste, passar muito tempo sozinho pode fazer com que se sinta pior. Às vezes, passar tempo com outras pessoas ou fazer coisas com as quais você se importa pode ajudá-lo a se sentir melhor.

Vamos dar uma olhada em algumas das ações que Lia fez quando se sentiu triste. Algumas coisas a ajudaram a se sentir melhor. Outras a fizeram se sentir ainda mais triste.

Faça um círculo em torno das ações a seguir que você acha que ajudaram Lia. (As respostas estão na próxima página. Mas não olhe para elas antes de terminar esta atividade.)

Vou ficar no meu quarto até parar de me sentir triste.

Senti falta do Bob hoje, mas mesmo assim vou à escola.

Sentei sozinha no almoço da escola porque me sentia muito triste para sentar com meus amigos.

Contei aos meus pais como eu estava me sentindo.

Quando pensei no Bob, fiz um desenho.

Rasguei todas as fotos do Bob em pedacinhos.

Falei com meu professor sobre a saudade que eu sinto do Bob.

Não fui à casa do meu amigo porque estava triste.

O que você faz com mais frequência quando se sente triste?

_____
_____
_____
_____
_____
_____

Isso é uma boa coisa a se fazer? Ou isso pode piorar as coisas?

_____
_____
_____
_____
_____
_____

Estas são as ações que ajudam Lia a se sentir melhor:

Senti falta do Bob hoje, mas mesmo assim vou à escola.

Contei aos meus pais como eu estava me sentindo.

Quando pensei no Bob, fiz um desenho.

Falei com meu professor sobre a saudade que eu sinto do Bob.

ATIVIDADE 10
Cumprimentando seus pensamentos e sentimentos

Uma ótima forma de deixar seus pensamentos e sentimentos à vontade é fazer amizade com eles e cumprimentá-los. Isso o ajuda a ver seus pensamentos como apenas palavras. Assim, eles ficam menos poderosos. Você não precisa deixar que seus pensamentos mandem em você; dessa forma, você poderia dizer:

- "Olá, preocupações, é ótimo ver vocês de novo!"
- "Olá, medo, como você está?"
- "Bem-vinda de volta, tristeza. Adorei como você arrumou seu cabelo!"

Escreva algumas maneiras como você poderia cumprimentar os pensamentos e sentimentos listados *na tabela a seguir*. Isso o ajudará a se lembrar de como permitir que seus pensamentos e sentimentos aconteçam. Alguns exemplos são fornecidos. Preencha os espaços em branco.

Olá

Oi!

Bem-vindo de volta

PENSAMENTO	MANEIRAS DE CUMPRIMENTAR
Não vou me sair bem na prova.	Olá, não vou me sair bem na prova.
Não sei com quem brincar na escola.	Olá, não sei com quem brincar na escola. Adorei sua camiseta!
Estou muito triste.	Olá, tristeza. É bom ver você de novo.
Estou com muito medo.	
Estou com vontade de chorar.	
Você está me deixando com muita raiva.	
Estou com muita raiva do que aconteceu.	

COMO MARIA CUMPRIMENTOU SUAS PREOCUPAÇÕES

Vejamos agora o que Maria fez que a ajudou quando se sentiu preocupada.

Maria estava praticando piano para seu recital, mas sua mente lhe dizia que estava preocupada. Maria disse: "Olá, preocupações, é muito bom ver vocês de novo. Senti sua falta!" Então ela deu uma risadinha. Ela praticou tocar piano, mesmo quando sua mente dizia que ela poderia cometer erros. Quando a mente de Maria se preocupava em tocar piano na frente de todos os pais no recital, ela dizia: "Olá, preocupações, minhas amigas, o que têm feito?" Cumprimentar suas preocupações ajudou Maria e tornou sua mente menos poderosa. Isso também ajudou Maria a se preocupar menos.

Olá, preocupações, é um prazer vê-las novamente. Senti sua falta!

ATIVIDADE 11

Fazendo uma garrafa de *glitter*

Outra maneira de ajudar a deixar seus pensamentos fluírem é com uma garrafa de *glitter*.

COMO FAZER UMA GARRAFA DE *GLITTER*

Vamos dar uma olhada em como você pode fazer uma garrafa de *glitter* e usá-la para deixar seus pensamentos fluírem.

MATERIAIS

- Um pote ou uma garrafa plástica pequena com tampa
- Corante alimentício (cor clara)
- Detergente de louça
- *Glitter* grosso ou formas de *glitter* de cores diferentes (se o *glitter* for muito fino, ele não afundará na garrafa)

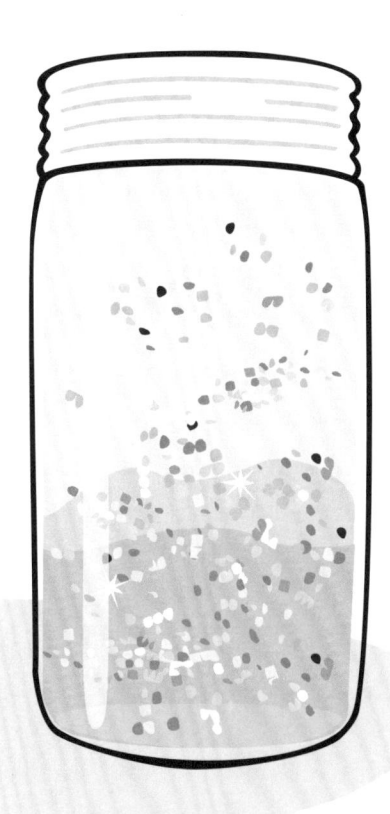

INSTRUÇÕES

- Encha a garrafa com água e adicione apenas uma gota de corante alimentício. Se o corante estiver muito escuro, você não conseguirá ver o *glitter*. Se estiver muito escuro, esvazie a maior parte da água e adicione água pura para encher a garrafa novamente.

- Adicione uma gota de detergente de louça. Isso ajuda o *glitter* a flutuar.

- Adicione o *glitter*.

- Feche bem a tampa da garrafa.

COMO USAR UMA GARRAFA DE *GLITTER*

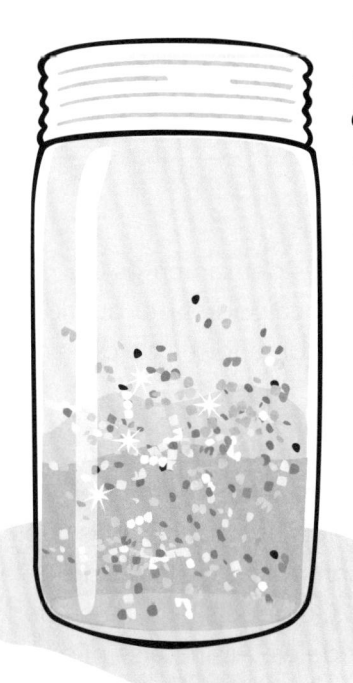

O *glitter* é como seus pensamentos. A garrafa é como sua mente. **Pegue a garrafa e vire-a para cima e para baixo algumas vezes. Observe o que acontece.** Quando você chacoalha a garrafa, o *glitter* se movimenta. Às vezes, você sente que tem muitos pensamentos se movimentando em sua mente, como se o *glitter* estivesse se movimentando na garrafa?

Agora, largue a garrafa para que ela fique parada. Observe o que acontece com o *glitter*. Ele se deposita no fundo. Você pode fazer o mesmo com seus pensamentos. Você pode simplesmente observar seus pensamentos e deixá-los fluir. Isso pode ajudar seus pensamentos a se acalmarem, assim como o *glitter* se acalma e vai para o fundo da garrafa quando você o deixa em paz.

DICA

Pratique o uso da atividade da garrafa de *glitter* para deixar seus pensamentos em paz. Você pode sacudir a garrafa e observar o *glitter* se depositar. Ou pode imaginar como fica o *glitter* quando você sacode a garrafa. De qualquer forma, imagine que seus pensamentos estão se assentando como o *glitter*. Você pode fazer isso quando for difícil deixar seus pensamentos de lado; por exemplo, quando estiver preocupado, triste ou com raiva.

ATIVIDADE 12 — Trocando mensagens em um telefone celular

Esta atividade o ajudará a praticar o desapego de seus pensamentos e sentimentos. Trata-se de uma atividade rápida que você pode fazer quando seus pensamentos e sentimentos estiverem intensos. Uma forma de deixar de lado os pensamentos e sentimentos é escrevê-los.

Na próxima página, há uma foto de um telefone celular. **Na tela, escreva alguns pensamentos ou sentimentos que surgirem em sua mente.** Tente fazer com que eles se pareçam com textos. Em seguida, leia as palavras. Elas não podem machucá-lo porque são apenas palavras, compostas de letras do alfabeto. Escrever seus pensamentos e sentimentos, e depois lembrar-se de que eles são apenas palavras, o ajudará a se soltar deles. Assim, eles não parecerão tão desafiadores.

Como você se sentiu depois de escrevê-los? Foi mais fácil deixá-los passar?

_____

_____

_____

_____

ATIVIDADE 13
Dando um título de filme a seus pensamentos

Imagine que você fez um filme sobre sua vida. Esse filme incluiria seus pensamentos e seus sentimentos. Que título ou nome você daria ao filme? Por exemplo: Maria chamou seu filme de A garota que se preocupava. **Escreva seu título na tela do filme.**

Depois de escrever o título do filme, tente dizer o nome dele como se estivesse gravando um *trailer* do filme. **O que mais você diria sobre o filme?** Você pode até desenhar uma imagem do filme na tela, se isso o ajudar a imaginar com mais clareza.

_____

_____

_____

_____

_____

Quando for difícil lidar com seus pensamentos e seus sentimentos, ou quando eles parecerem intensos, pense no título ou no nome que você daria a um filme que incluísse esses pensamentos e sentimentos. Em seguida, diga: "Aqui está o filme de...", seguido do título ou do nome. Por exemplo: "Aqui está o filme 'A garota que se preocupava'". Isso pode ajudá-lo a se sentir menos sobrecarregado por seus pensamentos e sentimentos.

ATIVIDADE 14
Imaginando cabines em uma roda-gigante

Perceber seus pensamentos e sentimentos como se fossem cabines em uma roda-gigante pode ajudá-lo a lidar com eles. Você não precisa fazer nada para tentar se livrar deles. Simplesmente deixe-os fluir.

Faça de conta que está observando uma roda-gigante com cabines de cores diferentes. Por exemplo: você pode notar uma cabine vermelha, depois uma cabine azul e depois uma prateada. Tente observar cada cabine. Se começar a pensar em outras coisas, tente levar sua mente de volta para a roda-gigante e para as cabines. Talvez você queira fechar os olhos para fazer esta atividade.

Como foi esta atividade para você? Se sua mente pensou em outras coisas, você conseguiu voltar a observar a roda-gigante e as cabines?

Na imagem da roda-gigante, escreva um pensamento diferente em cada cabine. Em seguida, pinte ou decore cada cabine de uma forma que o faça lembrar do respectivo pensamento.

Agora observe seu desenho e os pensamentos que você escreveu nas cabines. Enquanto estiver olhando, não tente se livrar desses pensamentos. Apenas observe-os.

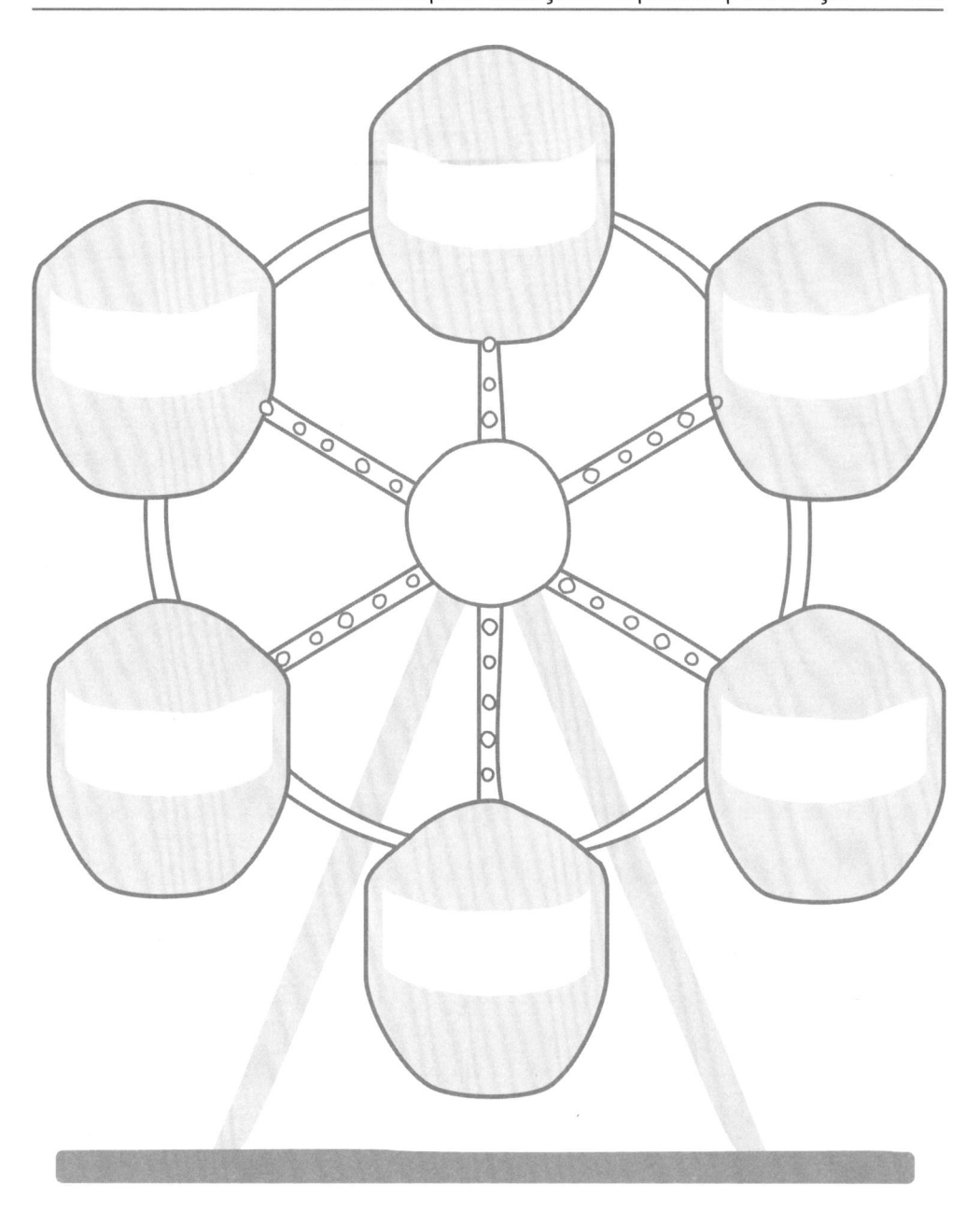

O livro da terapia de aceitação e compromisso para crianças   39

ATIVIDADE 15

Cantando seus pensamentos

Cantar sobre pensamentos e sentimentos pode ajudá-lo a se libertar deles.

Pense em uma música favorita. Cante em voz alta sobre alguns de seus pensamentos e sentimentos ao som dessa música. Se estiver fazendo essa atividade com um adulto, convide-o a participar também.

Por exemplo: Adriano cantou isso ao som de sua música favorita: "Olá, raiva, você me diz que eu odeio barulho. E eu digo: 'Como você está hoje, raiva?'" Adriano riu muito depois de cantar isso. Agora ele canta essa música baixinho para si mesmo em casa e na escola quando sente vontade de gritar.

Nas linhas a seguir, escreva a letra de sua música inventada.

ATIVIDADE 16

Soprando bolhas de sabão

Agora, vamos ver como soprar bolhas pode ajudá-lo a deixar as coisas acontecerem e a deixá-las ir embora ao mesmo tempo.

DIVERSÃO SOPRANDO BOLHAS DE SABÃO

Soprar bolhas de sabão é uma das minhas atividades favoritas. Você pode fazer isso com um dos seus pais, com outra pessoa da família ou por conta própria. Se você soprar bolhas ao ar livre, poderá vê-las estourar se estiver ventando. Você também pode realizar essa atividade dentro de casa.

MATERIAIS

- Frasco pequeno de líquido para bolhas

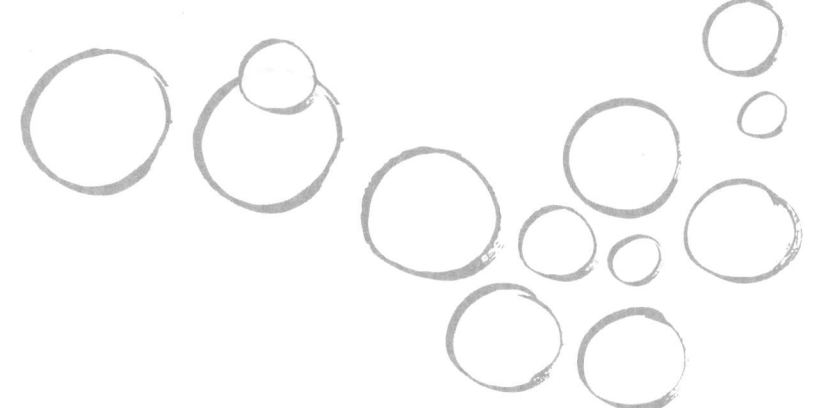

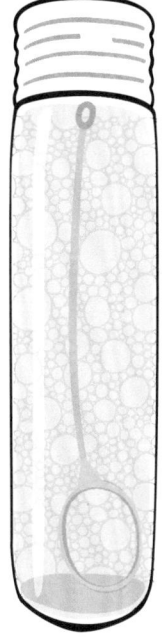

INSTRUÇÕES

- Tente perceber o que sua mente está lhe dizendo. Diga um pensamento em voz alta e depois sopre as bolhas uma vez. Não tente estourar as bolhas. Apenas observe-as flutuando.

- Se estiver fazendo essa atividade com outra pessoa, revezem-se para dizer um pensamento em voz alta e depois soprar as bolhas uma vez. Quando terminar, pense em como perceber seus pensamentos e deixá-los fluir pode ajudá-lo no futuro. Há algo que possa dificultar a percepção de seus pensamentos e não fazer nada com eles?

- *Se você não puder fazer bolhas de verdade, escreva seus pensamentos nas bolhas a seguir. Na sequência, feche os olhos e imagine esses pensamentos flutuando.*

LEMBRETES:

Deixe acontecer e deixe ir

- Observe os pensamentos sem fazer nada com eles.

- Cante sobre pensamentos e sentimentos ao som de sua música predileta.

- Converse com seus pensamentos e sentimentos. Você pode dizer:

    "Obrigado, mente!"

    "Olá, preocupações!"

    "Olá, pensamentos, vocês podem vir comigo."

    "Olá, tristeza, é muito bom ver você!"

    "Olá, raiva, você está fabulosa hoje!"

    "Obrigado, mente, por esse pensamento interessante!"

Olá, pensamentos!

Para obter uma cópia destes Lembretes para impressão, acesse a página do livro em loja.grupoa.com.br.

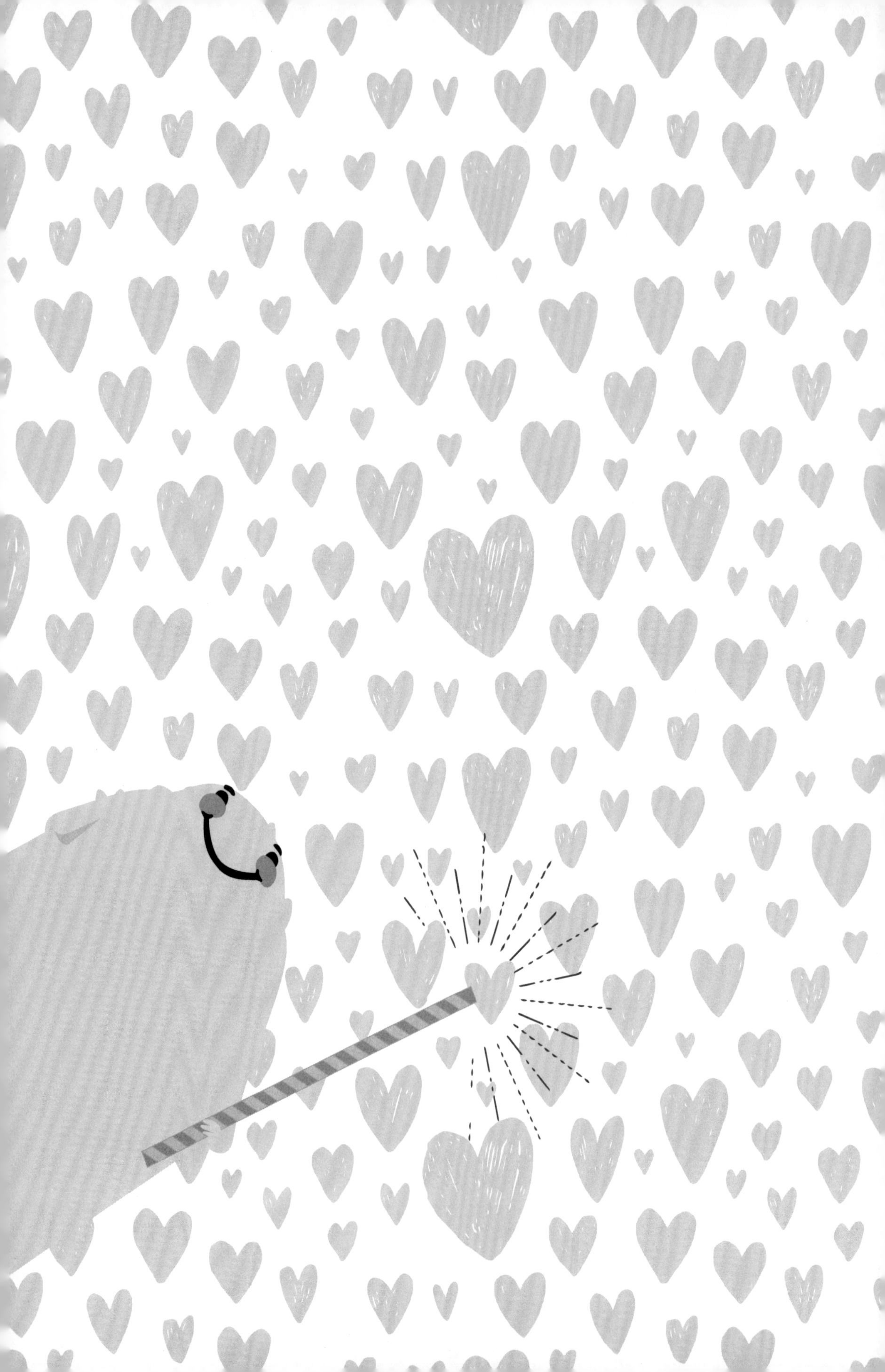

SEÇÃO 3

Escolha o que importa e faça o que importa

Vimos como usar *o deixar acontecer* e *o deixar passar* na Seção 2. Nesta seção, você aprenderá a escolher o que importa e a fazer o que importa. Você verá exemplos de como Maria, Adriano e Lia utilizaram essas ações para ajudar a lidar com seus pensamentos e sentimentos.

- Escolher *o que importa* significa escolher o que realmente lhe interessa, o que faz sentido.

- Fazer *o que importa* significa fazer coisas pelas quais você de fato se interessa, o que é genuinamente importante. Eu me preocupo muito em ajudar as crianças, portanto, trabalho em uma clínica e ajudo as crianças a lidar com seus pensamentos e sentimentos.

Algum de seus pensamentos e sentimentos o impede de fazer algo que lhe interessa? Por exemplo: quando você se sente triste, talvez não brinque com seu cachorro, não toque um instrumento musical ou peça aos seus pais que cancelem um encontro para brincar.

Você pode escolher o que mais lhe interessa. Você pode fazer coisas que lhe interessam. Você pode fazer coisas que sabe que são seguras, mesmo que sua mente lhe diga que você se sente preocupado, triste ou com raiva.

Escreva algumas coisas que lhe interessam e que seus pensamentos e sentimentos o impediram de fazer:

A mente de Maria se preocupava muito. Quando se preocupava, ela ficava em casa. Maria faltava muito à escola. Os pais de Maria lhe perguntaram se ela se importava com alguma coisa na escola. Maria disse que se importava muito em brincar com os amigos e ir à aula de matemática. Pensar nessas coisas ajudou Maria a ir à escola, mesmo quando sua mente estava preocupada.

A história de Maria

Eu adorava tocar piano. Mas estava muito preocupada com o recital. Toda vez que pensava nisso, minha mente dizia que eu não faria um bom trabalho. Minha mente dizia que todos perceberiam e ririam quando eu cometesse erros. Minha mente dizia coisas maldosas como: "Você não é boa no piano e não deveria tocar". Isso me deixava com medo. Eu disse aos meus pais que não iria tocar no recital. Em seguida, perguntei a mim mesma se havia algo em tocar no recital que me interessava. Meus pais e um amigo iriam me ver tocar no recital. Eu não queria decepcioná-los se não tocasse. Eu também queria tocar porque estava praticando há muito tempo. Mas achei que não conseguiria porque estava com medo. No final das contas, não precisei dar ouvidos à minha mente! Toquei no recital e me diverti. Não notei se cometi erros. Senti-me tão orgulhosa por ter tentado e não ter deixado minha mente vencer.

ATIVIDADE 17

Coisas com as quais você se importa

Quando seus pensamentos e sentimentos são desafiadores, sua mente pode lhe dizer que você não pode fazer algo, como ir ao treino de futebol. Pensar no motivo pelo qual você se importa com o treino de futebol o ajudará a ir ao treino.

Nos corações a seguir, escreva algumas coisas com as quais você se importa. Escolha corações menores para coisas menores com as quais você se importa, como comer sua comida predileta. Escolha corações maiores para coisas com as quais você se importa muito, como o seu time ganhar um jogo.

Às vezes, seus pensamentos e sentimentos são muito intensos e têm muito poder sobre você. Talvez você não sinta vontade de fazer coisas com as quais se importa. Ou talvez não as faça com frequência. Você pode se tornar mais poderoso quando faz coisas com as quais se importa, mesmo quando seus pensamentos e sentimentos são muito intensos.

A visita de Lia a seus avós

Lia e sua família estavam indo à casa dos avós para o aniversário da avó. Ela havia feito um cartão para a avó e queria muito dá-lo a ela. O cachorro de Lia, Bob, havia morrido e ela sentia muita falta dele. Sua mente lhe dizia que ela estava muito triste para ir. Ela se importava muito em ver a avó em seu aniversário. Portanto, embora sua mente lhe dissesse que ela estava muito triste e que não se divertiria, Lia foi mesmo assim. Sua avó ficou muito feliz quando Lia lhe entregou o cartão que ela havia feito. Lia estava feliz por ter visitado seus avós.

ATIVIDADE 18

A varinha mágica

Seus pensamentos e sentimentos não precisam impedi-lo de fazer as coisas de que gosta. Quando se sentir triste, preocupado ou com raiva, tente fingir que tem uma varinha mágica que pode ajudá-lo a fazer as coisas de que gosta ou a fazê-las com mais frequência.

Escreva alguns pensamentos e sentimentos que o têm impedido de fazer as coisas com as quais você se importa.

_____

_____

_____

_____

_____

Escreva algumas coisas que você parou de fazer por causa de seus pensamentos e sentimentos.

_____

_____

_____

_____

_____

Pinte esta imagem de uma varinha mágica e enfeite-a como quiser.

ATIVIDADE 19

Agenda para fazer coisas que lhe interessam

Pode ser difícil fazer coisas que lhe interessam quando sentimentos como preocupação, tristeza ou raiva atrapalham. Criar horários para fazer algumas coisas com as quais você se importa pode ajudar. Por exemplo, talvez você queira passear com seu cachorro, tocar um instrumento musical, comemorar os aniversários da família ou passar algum tempo fora de casa. Anotar as coisas que deseja fazer em uma agenda aumenta a probabilidade de que você as faça. Isso o ajuda a planejar com antecedência. Assim, você se sentirá menos estressado e sobrecarregado.

Você também pode programar coisas novas que gostaria de experimentar ou coisas que parou de fazer devido aos seus sentimentos e gostaria de fazer novamente. Por exemplo, talvez você queira fazer uma nova atividade ou voltar a fazer uma que parou de fazer.

DOMINGO	SEGUNDA-FEIRA	TERÇA-FEIRA	QUARTA-FEIRA	QUINTA-FEIRA	SEXTA-FEIRA	SÁBADO
	EXPOSIÇÃO DE CIÊNCIAS	Passear com Buster				CAMINHAR COM PAPAI
Festa de aniversário da Lúcia						VISITAR A VOVÓ
NOITE DO FILME		PROVAS DE DANÇA	Passear com Buster	TREINAR VIOLINO		

PREENCHA A AGENDA DE UMA SEMANA

Na próxima página, há uma agenda semanal para você preencher. Você pode pedir a seus pais que o ajudem a programar as coisas em função de outras atividades que você tenha. Se quiser, também pode pedir a seus pais que o ajudem (ou o lembrem de) a cumprir sua agenda, mesmo quando for difícil.

- Escreva na agenda algumas coisas que você faz e com as quais se importa e que deseja fazer, independentemente de como esteja se sentindo.
- Em seguida, pense em algumas coisas novas que você gostaria de experimentar ou em algumas coisas que parou de fazer por causa de seus sentimentos e que gostaria de fazer novamente. Escreva algumas dessas coisas na agenda.
- Ao preencher a agenda, pense nos sentimentos que o impedem de fazer cada coisa que você quer fazer. O que você pode fazer para lidar com esses sentimentos? Se desejar, adicione algumas anotações à agenda para lembrá-lo de maneiras de lidar com esses sentimentos. Adicione uma observação para seguir a programação mesmo quando seus sentimentos estiverem muito intensos.

DICA

Seja gentil consigo mesmo e tente fazer, um pouco a cada dia, algo de que você goste. Enquanto realiza essas atividades, lembre-se do quanto elas lhe trazem alegria ou satisfação.

DOMINGO	SEGUNDA-FEIRA	TERÇA-FEIRA	QUARTA-FEIRA	QUINTA-FEIRA	SEXTA-FEIRA	SÁBADO

ATIVIDADE 20

As escolhas de Adriano

Os pensamentos e sentimentos de Adriano eram tão intensos que ele acreditava em tudo o que sua mente lhe dizia. Às vezes, ele fazia escolhas que não o ajudavam. Então, ele se sentia ainda pior. Vamos dar uma olhada em um questionário sobre as coisas que Adriano poderia fazer para ajudar a si mesmo.

Faça um círculo em torno das respostas às duas perguntas a seguir que você acha que mais ajudariam Adriano. Quando terminar, você poderá ver as respostas na próxima página. Mas não olhe as respostas até terminar de fazer este teste.

1. Uma criança da turma de Adriano o convida para sua festa em um centro de escalada coberto. Adriano quer ir à festa porque quer se divertir com outras crianças. Mas ele teme que a festa seja muito barulhenta. Adriano poderia:

    a. Ficar em casa porque a festa pode ser barulhenta.

    b. Ir à festa e tentar fazer a escalada. Se ele começar a se sentir irritado com o barulho, ele pode dizer a si mesmo: "Oi, incomodado, que bom ver você!" Depois, ele pode continuar com a escalada, pois tem interesse em se divertir com outras crianças.

    c. Perguntar ao garoto que está dando a festa se ele pode se certificar de que não haverá barulho na festa.

    d. Ir à festa. Mas se ela for barulhenta, recusar-se a escalar e sentar-se em um canto com muita raiva.

2. Na hora do recreio na escola, Adriano quer jogar um jogo com outras crianças. Ele poderia:

   a. Dizer a algumas crianças qual jogo ele quer jogar.

   b. Ir até um grupo de crianças que já estão jogando algo e tentar mudar o jogo para o que ele quer jogar.

   c. Perguntar para algumas crianças se elas gostariam de jogar algo e deixá-las escolher. Se elas escolherem um jogo que ele não gosta, ele pode se lembrar de que se importa em jogar com outras crianças e deixar de lado seus sentimentos de não gostar do jogo. Ele pode então jogar o que elas escolheram.

   d. Esperar que as crianças o convidem para brincar com elas.

RESPOSTAS DA ATIVIDADE 20

Aqui estão as respostas que melhor ajudariam Adriano.

1. A melhor resposta é (b): Ir à festa e tentar fazer a escalada. Se ele começar a se sentir irritado com o barulho, ele pode dizer a si mesmo: "Oi, incomodado, que bom ver você!" Depois, ele pode continuar com a escalada, pois tem interesse em se divertir com outras crianças.

2. A melhor resposta é (c): Perguntar para algumas crianças se elas gostariam de jogar algo e deixá-las escolher. Se elas escolherem um jogo que ele não gosta, ele pode se lembrar de que se importa em jogar com outras crianças e deixar de lado seus sentimentos de não gostar do jogo. Ele pode então jogar o que elas escolheram.

ATIVIDADE 21

Fazendo uma caixa do tesouro

Imagine que você vai passar uma semana em uma bela ilha e está levando algumas coisas que lhe interessam em uma caixa de tesouro especial. Nesta atividade, você criará uma caixa de tesouro que conterá itens especiais ou fotos de itens especiais.

Pense no que há em sua caixa do tesouro quando estiver tendo dificuldade para lidar com seus pensamentos e sentimentos. Pode ser útil abrir sua caixa do tesouro e lembrar-se das coisas com as quais você se importa. Isso pode ajudá-lo a fazer coisas mesmo quando sua mente lhe disser que você está preocupado, triste ou zangado. Por exemplo, um novo amigo o convida para ir à casa dele. Você se sente preocupado porque nunca foi à casa dele antes e não sabe o que esperar. Você olha para a sua caixa do tesouro e se lembra de que tem interesse em passar tempo com os amigos e se divertir com eles. Você vai à casa de seu novo amigo e se diverte.

Preencha com coisas especiais com as quais você se importa.

CAIXA DO TESOURO

COMO FAZER UMA CAIXA DO TESOURO

Comece pensando em algumas coisas que são especiais para você (por exemplo, uma foto de seu animal de estimação, seu livro ou seu brinquedo favorito).

MATERIAIS

- Uma caixa de papelão, como uma caixa de sapatos vazia
- Papel comum para cobrir a caixa se ela tiver escritos ou imagens
- Fita adesiva para colar o papel na caixa, se necessário
- Marcadores coloridos
- Objetos para decorar a caixa, como adesivos

INSTRUÇÕES

- Se a caixa tiver escritos ou imagens, cole papel com fita adesiva para cobrir a parte externa. Se desejar, você pode pintar o papel e, depois que ele secar, cobrir a caixa com ele.
- Coloque algumas coisas com as quais você se importa dentro da caixa. Ou tire fotos de coisas com as quais você se importa. Imprima as fotos e coloque-as dentro da caixa. (Talvez você precise da ajuda de um dos seus pais se estiver usando fotos).
- Desenhe na parte externa da caixa do tesouro com os marcadores e adicione enfeites, como adesivos, se desejar.

adesivos

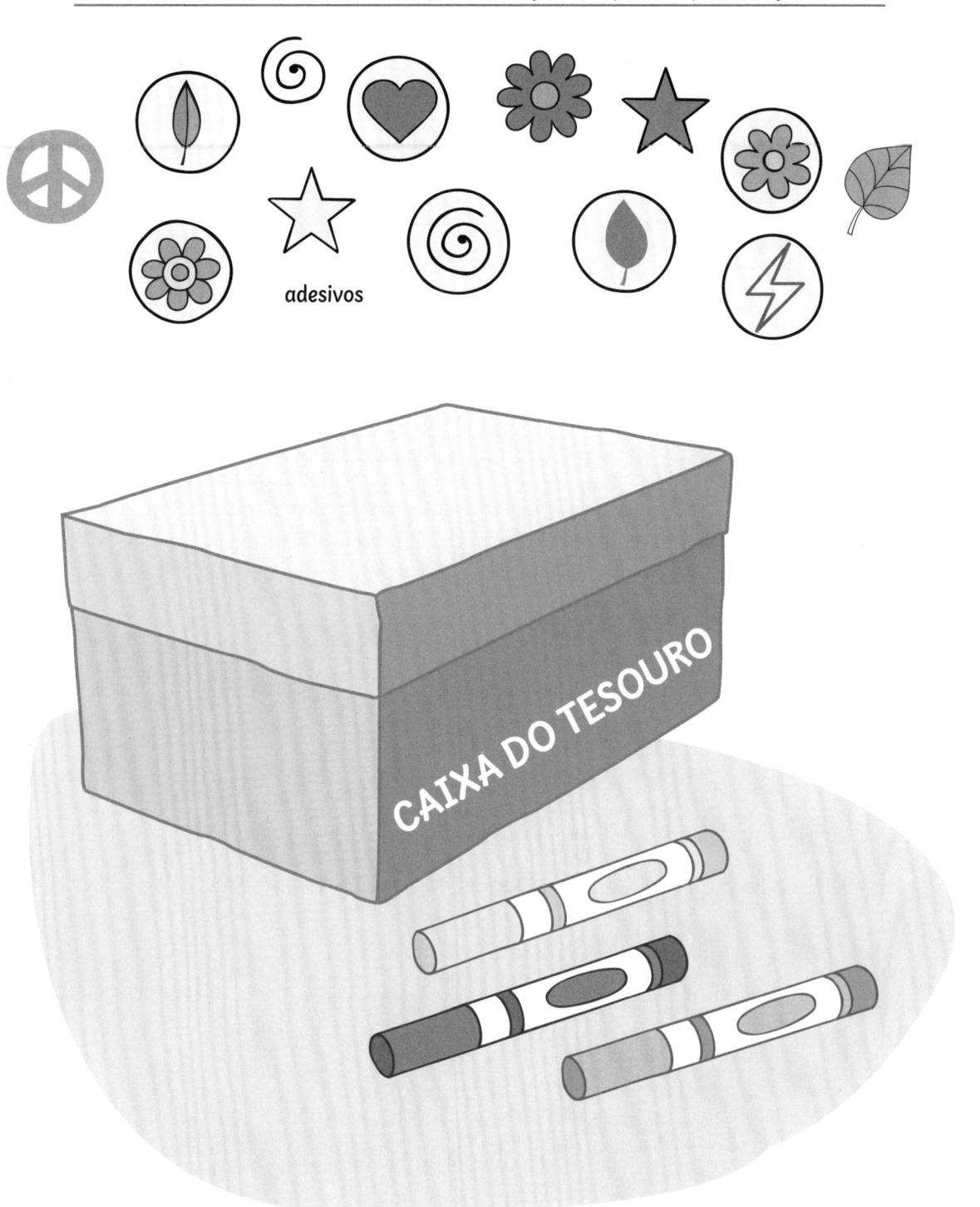

CAIXA DO TESOURO

ATIVIDADE 22

O quê? Como? Qual?

Quando sua mente disser que você está preocupado, triste, com raiva ou com outro sentimento desafiador, faça a si mesmo estas três perguntas:

O QUE MINHA MENTE ESTÁ DIZENDO?

- Você não precisa acreditar em tudo o que sua mente lhe diz! Você pode deixar seus pensamentos acontecerem e deixá-los ir.

COMO EU ESTOU ME SENTINDO?

- Dê um nome ao sentimento. Depois, cumprimente-o. Você não precisa fazer nada para tentar se livrar dele.

QUAL AÇÃO POSSO REALIZAR?

- Escolha o que lhe importa. Depois, faça o que lhe importa.

Leia as afirmações nas tabelas a seguir e preencha os espaços em branco. Você pode usar o que já aprendeu neste livro para ajudá-lo a decidir quais ações tomar. A realização desta atividade ajudará você a identificar seus pensamentos e sentimentos, bem como as causas deles. Também o ajudará a desenvolver um plano de ação.

O QUE MINHA MENTE ESTÁ DIZENDO?	COMO ESTOU ME SENTINDO?	QUAL AÇÃO EU POSSO REALIZAR?
Todos vão rir se eu fizer uma pergunta na aula	Preocupado	Posso dizer a mim mesmo: "Olá, preocupado, como você está hoje?" Posso levantar minha mão e fazer uma pergunta, mesmo que minha mente diga que todos vão rir.
Não tenho com quem brincar no recreio da escola	Solitário	
	Com raiva	
Não consigo fazer minha tarefa de casa. É muito difícil!		
	Decepcionado	

O QUE MINHA MENTE ESTÁ DIZENDO?	COMO ESTOU ME SENTINDO?	QUAL AÇÃO EU POSSO REALIZAR?
💭 Eu sempre estrago tudo.		
💭 É muito assustador fazer uma excursão a um lugar novo.		
	Triste	
	Envergonhado	
💭		
💭		

O QUE MINHA MENTE ESTÁ DIZENDO?	COMO ESTOU ME SENTINDO?	QUAL AÇÃO EU POSSO REALIZAR?

ATIVIDADE 23 — Caça-palavras

Este caça-palavras contém algumas palavras que você viu nesta seção sobre como escolher o que importa e fazer o que importa. Tente encontrar as palavras listadas a seguir para ajudá-lo a lembrar o que aprendeu nesta seção.

ADRIANO	FAZER	O QUE
CAIXA	IMPORTA	PENSAMENTOS
COMO	INÍCIO	QUAL
CORAÇÃO	LIA	SENTIMENTOS
DESENHAR	MARIA	TENTANDO
	VARINHA MÁGICA	

Faça um círculo em torno das palavras listadas a seguir ou pinte-as com um marcador claro. Dica: as palavras aparecem na horizontal, na vertical e na diagonal (em um ângulo).

```
R F N H M W I E S U C G A B E S L I A P R
T E N I W S M E T K I C M E T V I N M S L
E A C Q U A L U M Q E A H I R T O S H G E
N Y I N O M U E T L C C O N R M V A O T I
T C V A R I N H A M Á G I C A S E R T A I
A G N B Z T R O F U I S I M P O R T A L I
N R Y E Z A N D U T X H R L E Y U A F O D
D H R P L M G C A I A T E L X A I C D S U
O A O X D I G E A L B I D T G U O D A E K
U V T N S M O Q U E L A V E R T E F A V F
N P T R E A N V M X W O I T S E N U C I A
S O H R L D A C O N T S R A I E N O L R Z
S T E O P R Y D S E N P L I Y E N A M O E
L P H I E I A L R H U I A E M P N H M T R
S E E A O A Y I T R W A N D C O E O A O R
S N A Y G N C E T N S L U H Ã R C A D R T
O S N I E O T S A O R I E Ç N H U N M O T
P A C S N A I O T T W U A A L Y F E S A T
M M I R N U D N E H O R D M F Z R I A I B
S E T N E F E A Q S O I D A O R E N A T M
O N P I R M E A O C A S I M Q I E Í P U R
D T O E I M T L M U O | P D T N E C H O I
A O N T L C A T S A O E N H D P U I A Y R
T S N L W D U R M T F S O B E R A O N C E
O E R M Y A I C I E F L A D O S P E A R O
S C N M I A E P N A M T I S E A F L I S O
M E L U J R G O S D U J T C E A P G M I R
```

CAIXA DO TESOURO

Com o que eu mais me importo?

LEMBRETES:

Escolha o que importa e faça o que importa

- Com o que você mais se importa?

- O que você faz que realmente lhe interessa?

- Que coisas novas que você poderia fazer e que lhe interessam? Quais são as coisas que você parou de fazer e que poderia começar a fazer novamente?

- Quando você poderia tentar fazer coisas com as quais se importa?

- Pergunte a si mesmo: *O que minha mente está dizendo? Como estou me sentindo? Que ação eu posso realizar?*

- Experimente fazer algo de seu interesse de tempos em tempos.

Para obter uma cópia destes Lembretes para impressão, acesse a página do livro em loja.grupoa.com.br.

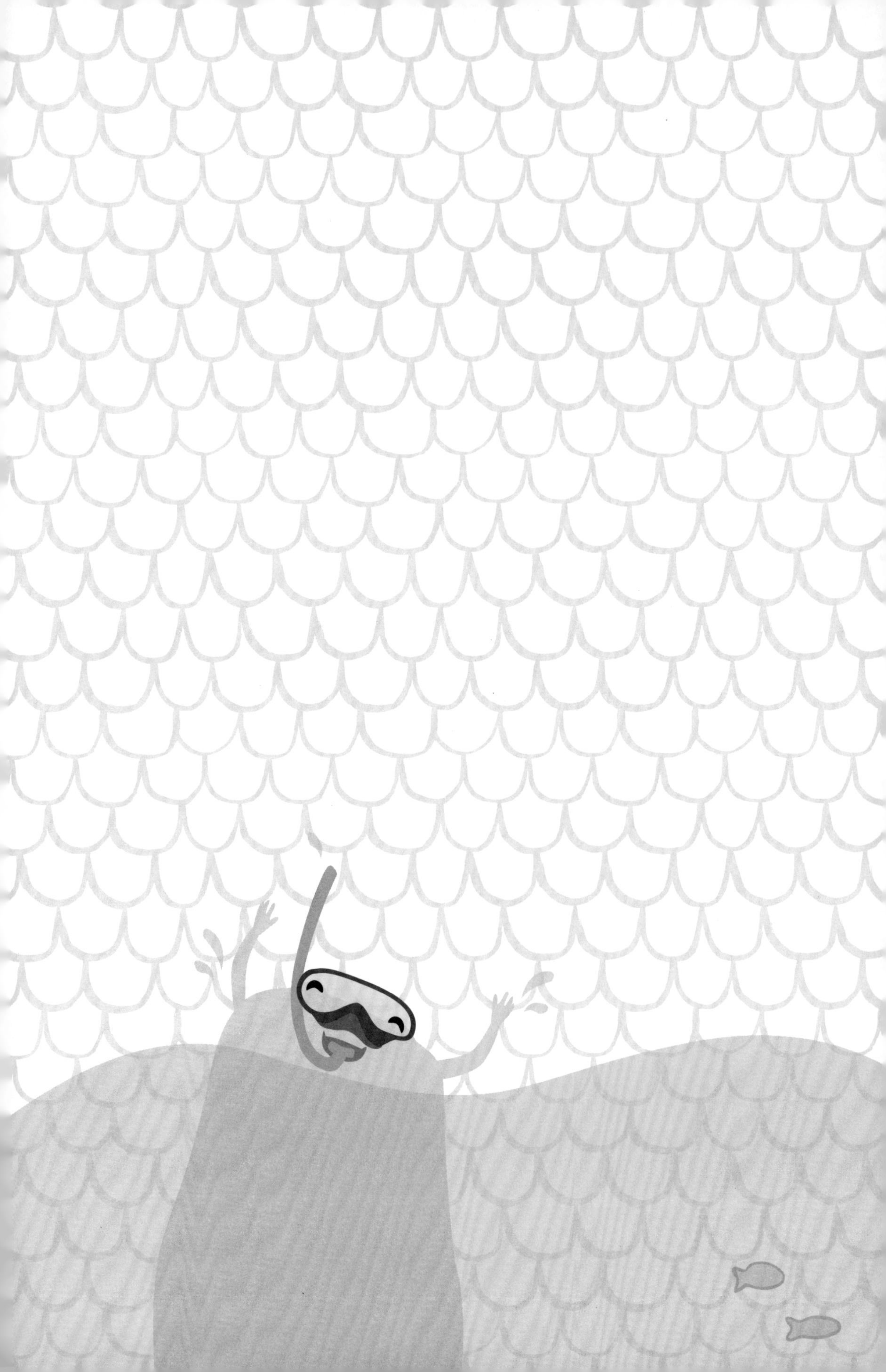

SEÇÃO 4

Fique aqui e observe-se

Nesta seção, você aprenderá a *ficar aqui* e a *se observar*. Você aprenderá como Maria, Adriano e Lia usaram essas ações para lidar com seus pensamentos e sentimentos.

Quando sua mente está ocupada pensando ou seus sentimentos estão muito intensos, é difícil se concentrar no que está acontecendo ao seu redor. Talvez você não perceba alguém chamando seu nome ou falando com você. Você pode estar em um carro ou em um ônibus e não perceber onde está. Pode ser que você coma, mas não perceba o sabor dos alimentos. Alguma dessas coisas já aconteceu com você? Além disso, quando você se sente preocupado, triste, com raiva ou com outro sentimento intenso, pode fazer coisas que o deixam ainda pior.

Quando você presta atenção ao que está acontecendo ao seu redor e percebe o que está fazendo, seus pensamentos e sentimentos são menos poderosos.

FIQUE AQUI

Ficar aqui significa prestar atenção ao lugar onde você está agora e ao que está acontecendo. Essa pode ser uma forma muito boa de lidar com seus pensamentos e sentimentos. Isso também o ajudará a se concentrar melhor e a acalmar sua mente e seu corpo.

Você se lembra da Seção 2, quando você fez a garrafa de *glitter*? Você notou que a água ficou calma e o *glitter* se acomodou. Usar o "fique aqui" pode ajudar seus pensamentos e sentimentos a se acalmarem. Assim, eles não parecerão tão grandes e fortes, e sua mente não se sentirá tão poderosa.

A história de Adriano

Eu pratico "fique aqui" todas as manhãs quando escovo os dentes. Concentro-me na sensação do cabo da escova em minha mão. Sinto o cheiro da pasta de dente. Sinto a escova e a pasta de dente em minha boca. Às vezes, penso no que vou fazer naquele dia, como ir à escola e praticar esportes. Mas depois volto a me concentrar na escovação dos dentes. A prática de ficar aqui me ajudou a me concentrar melhor. Agora tenho consciência de quando começo a sentir raiva. Então, pratico o ficar aqui (ficar no momento presente). Isso me ajuda a me acalmar.

OBSERVE-SE

Observe-se significa observar a si mesmo fazendo coisas. É como se olhar em um espelho, mas você não precisa de um espelho de verdade para se observar. Você pode se observar lendo, sentado na sala de aula, comendo, tomando banho, fazendo o dever de casa, brincando, assistindo à TV, deitado na cama e fazendo muitas outras coisas.

Fique aqui e perceba o que está fazendo agora. Quanto mais você ficar aqui, mais fácil será perceber a si mesmo. Quanto mais você se percebe, mais fácil é ficar aqui. Vamos tentar algumas atividades primeiro para praticar ficar aqui e depois fazer o mesmo para se observar.

A história de Lia

Quando Lia ficava triste em casa, ela ia para seu quarto. Deitava-se em sua cama até se sentir melhor. Ela achava que ninguém entendia como ela se sentia. Lia se sentia solitária e sozinha. Às vezes, ela ficava em seu quarto por muito tempo.

Então, Lia praticava a observação de si mesma. Ela notava quando estava triste e o que estava fazendo. Percebeu que ficar sozinha quando estava triste não a fazia se sentir menos triste.

Em casa, em vez de ficar em seu quarto até se sentir melhor, ela começou a contar aos pais ou à irmã como se sentia e passava um tempo com eles. Na escola, Lia percebeu que não falava com outras pessoas quando estava triste, e isso a fazia se sentir pior. Depois, ela conversou com outras crianças e professores e observou a si mesma fazendo isso. Quando praticava observar a si mesma, Lia era capaz de escolher ações que a ajudavam a se sentir melhor.

ATIVIDADE 24 — O polvo flexível

Esta atividade o ajudará a prestar atenção ao movimento e à forma como você se sente em seu corpo. Ela também o ajudará a perceber seus pensamentos e sentimentos.

Comece sentado em uma cadeira ou deitado no chão ou no carpete. Talvez você queira fechar os olhos. Peça a seus pais que leiam essas palavras em voz alta para você:

Imagine que você é um polvo flexível nadando no fundo do mar. As ondas são grandes, e você se move com elas. Imagine que você está se debatendo na água. Talvez suas pernas estejam se movendo de um lado para o outro e seus braços estejam se movendo para cima e para baixo. Então as ondas diminuem de velocidade. O mar fica muito calmo. A água quase não se move. Veja se agora você consegue ficar muito quieto, como um polvo descansando na areia do fundo do mar. Agora observe-se ficar muito quieto e calmo. Observe a sensação disso em seu corpo. Observe o que você está pensando e sentindo.

A atividade do polvo flexível pode ajudá-lo a lidar com seus pensamentos e seus sentimentos quando estiver preocupado, triste, zangado ou com algum outro sentimento desafiador. Não importa o que esteja sentindo, esse sentimento acabará desaparecendo, como uma onda que se acalma no mar.

Escreva o que você notou ao experimentar esta atividade.

_____

_____

_____

_____

_____

_____

_____

_____

ATIVIDADE 25 — Fique aqui enquanto come

Tente ficar aqui enquanto estiver comendo. Talvez você queira praticar com uma fruta, uvas-passas ou qualquer outra coisa.

Primeiro, leia as instruções a seguir, que o ajudarão a praticar a permanência aqui enquanto come. Faça o possível para se lembrar delas enquanto pratica sozinho. Se precisar de ajuda, peça a seus pais que leiam as instruções em voz alta enquanto você pratica.

> *Dê uma mordida. Preste atenção ao que está acontecendo em sua boca. Observe o sabor do alimento. Não tenha pressa. Dê uma mordida de cada vez. Observe como o sabor muda. Observe como seus dentes e sua língua trabalham. Veja se você consegue perceber quando sente que precisa engolir.*
> *Em seguida, sinta como o alimento desce pela garganta enquanto você engole. Depois de ter engolido, quando estiver pronto, dê outra mordida. Não tenha pressa. Observe como seu corpo, sua mente e seu coração se sentem neste momento.*

Agora tente responder a estas perguntas sobre o alimento que você escolheu:

Que cores você consegue ver no alimento? _____

O alimento tem cheiro? _____

Qual é o sabor do alimento? _____

Ele é crocante ou pode-se mascá-lo? _____

O sabor é doce, salgado ou azedo? _____

O alimento está quente ou frio? _____

A história de Maria

Eu me diverti muito aprendendo a ficar aqui enquanto como. Eu e meus pais praticamos com frutas secas. Foi como se eu estivesse experimentando essas frutas pela primeira vez! Essa atividade me ensinou a desacelerar e a perceber o cheiro e a cor das frutas. Também notei a sensação das frutas em minha língua. Depois, pratiquei na escola durante o almoço. Agora tento praticar todos os dias. Também lembro minha família de praticar quando estamos jantando. Isso me ajudou a me concentrar no que está acontecendo ao meu redor. Agora consigo me concentrar melhor. Quando fico preocupada, pratico "fique aqui". Então, minhas preocupações não parecem tão grandes. Às vezes, nem percebo quando minha mente se preocupa!

ATIVIDADE 26 — Fique aqui enquanto respira

Esta atividade de respiração o ajudará a permanecer aqui e a se sentir mais calmo. Ela também ajudará a acalmar seus sentimentos. Você pode fazê-la sempre que se sentir preocupado, triste, com raiva ou com outro sentimento desafiador. Você pode fazer isso em casa, na escola ou em qualquer outro lugar.

- Sente-se, fique em pé ou deite-se, dependendo de onde você estiver.
- Feche os olhos, se desejar. Se quiser deixar os olhos abertos, escolha um ponto no chão ou no teto para olhar. Tente olhar para o mesmo ponto durante toda a atividade, em vez de olhar ao redor.
- Coloque suas mãos nas laterais da barriga.
- Faça algumas respirações lentas. Inspire pelo nariz. Expire lentamente pela boca.
- Continue a inspirar lentamente pelo nariz e expirar pela boca. Sinta sua barriga subir e descer suavemente. É como um balão sendo inflado e depois soltando o ar.
- Continue pelo tempo que desejar.

ATIVIDADE 27

Fique aqui enquanto adormece

Você pode praticar esta atividade ao se deitar à noite para ajudá-lo a pegar no sono.

Depois de se acomodar na cama, pratique ficar aqui, concentrando-se no que está ouvindo.

- Feche os olhos.
- Ouça os sons dentro de seu quarto.
- Em seguida, ouça os sons fora de seu quarto.
- Por fim, ouça o som da sua respiração.

Se for difícil lembrar-se de praticar isso na cama à noite, você pode fazer um cartaz para lembrá-lo. Você pode enfeitar o cartaz e depois colocá-lo perto da cama.

A história de Lia

Eu tinha um cachorro chamado Bob, mas ele morreu. Sentia muita falta do Bob quando ia para a cama à noite. Pensei em como ele sempre corria para o meu quarto pela manhã, abanando o rabo. Ele costumava pular na minha cama. Então eu o acariciava. Era difícil pegar no sono porque eu me sentia triste. Praticar ficar aqui quando eu ia para a cama me ajudou a dormir mais rapidamente.

ATIVIDADE 28

Imaginando uma placa de PARE

Quando seus pensamentos e seus sentimentos parecerem muito intensos, imagine um grande sinal que diga *PARE*. Assim como as pessoas param seu carro para olhar para os dois lados quando veem uma placa de pare, você pode parar para perceber suas emoções.

Por exemplo: quando estiver com raiva de alguém ou de alguma coisa, você pode fazer coisas que não ajudam e pioram a situação. Em vez disso, imagine uma placa de pare e pergunte a si mesmo:

- Estou melhorando ou piorando as coisas?
- O que posso fazer em vez disso?

Escreva um exemplo de quando a observação de si mesmo pode ajudá-lo a lidar com seus pensamentos e sentimentos.

Como Adriano usou o Fique aqui e observe-se

Você se lembra de como Adriano ficava com raiva com frequência? Ele gritava em casa e na escola. As pessoas tinham medo dele. Adriano aprendeu a parar antes de ficar com raiva demais e a procurar o que queria fazer em vez disso.

No início, Adriano percebeu que queria gritar na sala de aula. Então, em vez disso, ele levantava a mão. A professora lhe disse que ele estava fazendo um ótimo trabalho. Os outros alunos começaram a convidar Adriano para brincar no almoço. Ele percebia que estava se sentindo chateado quando não podia escolher o jogo. Ele decidiu observar o pátio, as árvores e os outros alunos. Isso ajudou Adriano. Ele não gritava, e Adriano e os outros alunos se divertiram brincando juntos.

ATIVIDADE 29 — A montanha dos sentimentos

Esta atividade pode ajudá-lo a perceber quando seus sentimentos se tornam mais intensos e como acalmá-los.

Às vezes, seus sentimentos não são muito desafiadores quando começam. Mas eles podem se tornar cada vez mais intensos. Podem acontecer coisas que o preocupem, o deixem triste ou com raiva. Esses sentimentos muitas vezes podem se tornar ainda mais intensos.

Imagine uma montanha de "sentimentos" com níveis numerados de 0 a 10. Na base da montanha está o 0, o que significa que o sentimento está resolvido. Quanto mais alto você sobe, mais desafiadores se tornam seus sentimentos e mais alto fica o número. Quando você chega ao topo, seus sentimentos são mais intensos, o que significa que você os classificaria como 10.

Pense em um momento recente em que você sentiu um 10. Usando a figura da montanha na próxima página, descreva as emoções que você sentiu em cada estágio. *Ao lado de 10, descreva seus sentimentos mais intensos. Ao lado de 9, descreva seus sentimentos um pouco menos intensos do que 10. Faça isso para cada número da montanha.*

Quando começar a se sentir triste, preocupado, zangado ou com outro sentimento desafiador, tente imaginar onde está na montanha dos sentimentos. Dê a ela um número em uma escala de 0 a 10. Onde quer que você esteja, imagine que parou de subir para que seus sentimentos não se tornem mais intensos. Então, deixe seus sentimentos à vontade. Em seguida, imagine-se descendo a montanha, deixando seus sentimentos passarem e imaginando-os se tornando menos intensos à medida que você desce.

10

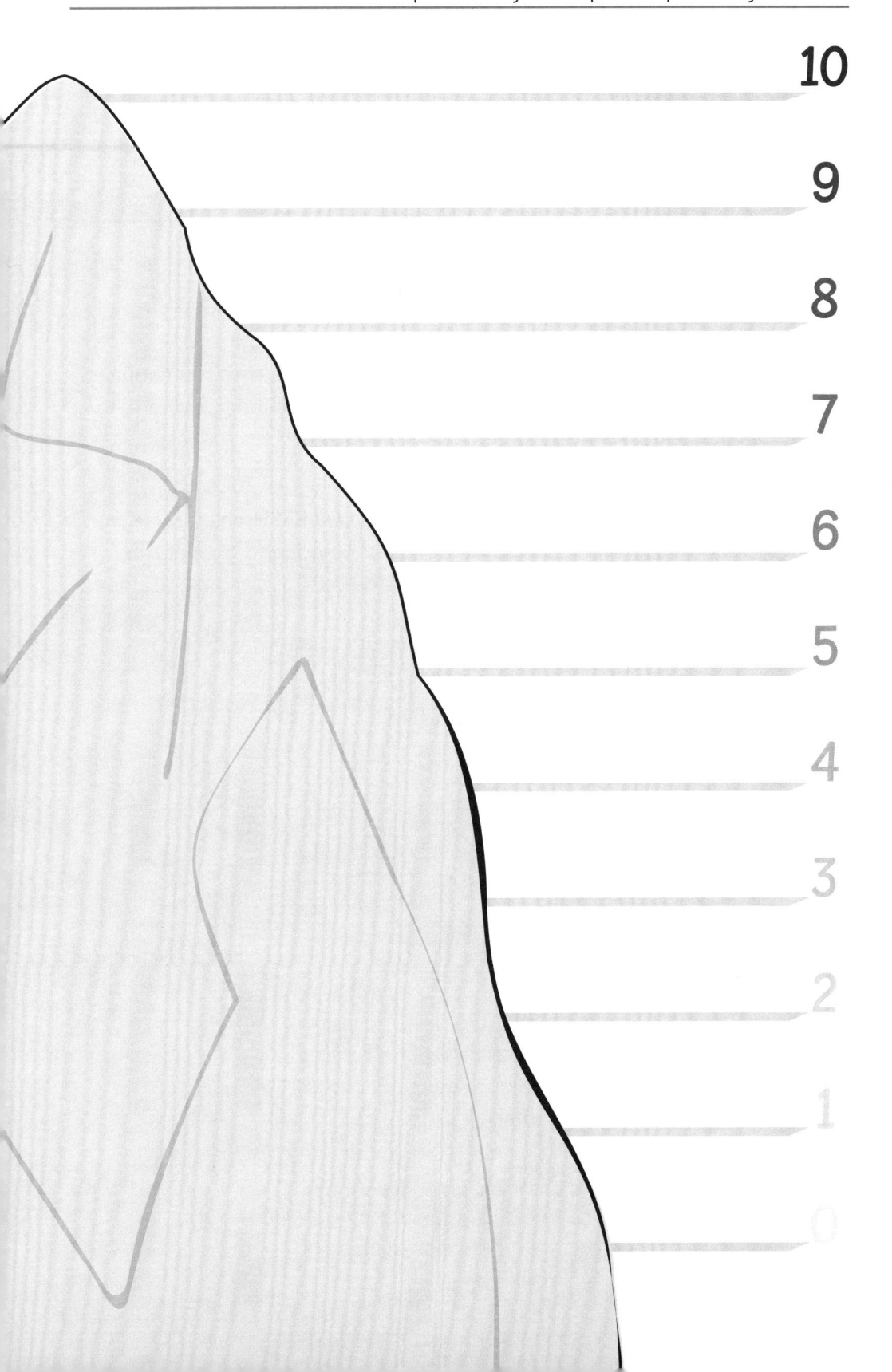

9

8

7

6

5

4

3

2

1

0

ATIVIDADE 30

No fundo do mar

O mar tem ondas de diferentes tamanhos. Também tem areia, algas marinhas e conchas. O mar é o lar de muitos seres vivos, como peixes, golfinhos e baleias. Eles fazem parte do mar. Assim como o mar tem muitas coisas dentro dele, você tem muitos pensamentos e sentimentos diferentes dentro de você. Eles fazem parte de você. Mas você não tem os mesmos pensamentos e sentimentos o tempo todo.

Neste desenho do mar, escreva pensamentos e sentimentos diferentes nas ondas. Talvez você queira desenhar uma caixa do tesouro no fundo do mar que contenha coisas com as quais você se importa ou qualquer outra coisa que queira incluir.

ATIVIDADE 31

Passeio em um balão

Esta atividade o ajudará a praticar a autopercepção. Sente-se e peça a seus pais que leiam o texto a seguir em voz alta para você. Você pode fechar os olhos ou escolher um ponto no chão para olhar enquanto ouve.

> *Imagine que você está andando em um balão, bem alto no céu.*
> *Você olha para baixo e se vê preocupado, triste, com raiva ou com outro sentimento intenso. Você pode estar em casa, na escola ou em outro lugar. Observe o que está fazendo para tentar lidar com seus pensamentos e sentimentos. Observe os pensamentos e sentimentos que surgem em sua mente enquanto você se observa lá de cima, do balão.*

Você se viu fazendo algo que o surpreendeu? Você acha que o que você faz para tentar lidar com seus pensamentos e sentimentos o ajuda?

_____

_____

_____

Ao lado da imagem do balão, escreva alguns pensamentos e outros sentimentos que você tem quando se sente preocupado, triste ou com raiva.

Pense no que você leu neste livro que poderia usar quando se sentir preocupado, triste ou com raiva. Escreva algumas coisas que você poderia fazer para se ajudar nesses momentos.

_____
_____
_____
_____

ATIVIDADE 32

Folhas de uma árvore

As árvores têm um tronco e galhos. Às vezes, os galhos estão cheios de folhas. As folhas fazem parte da árvore, mas não são a árvore inteira. Às vezes, você tem muitos pensamentos e sentimentos. Outras vezes, você tem menos. Seus pensamentos e sentimentos são como as folhas de uma árvore. Eles fazem parte de você, mas não são a sua totalidade. Há muito mais coisas em você!

Quando se sentir preocupado, triste, zangado ou com outro sentimento intenso, tente perceber seus pensamentos e sentimentos. Lembre-se de que eles fazem parte de você, mas não são a sua totalidade.

Na árvore, desenhe folhas nos galhos. Faça as folhas grandes o suficiente para escrever dentro delas. Em seguida, escreva alguns de seus pensamentos e sentimentos dentro das folhas.

O livro da terapia de aceitação e compromisso para crianças 87

ATIVIDADE 33 — Um navio parado e tranquilo

Esta atividade utiliza a imaginação e o ajudará a parar, deixar de lado os pensamentos e perceber o que está fazendo. Quando você se sentir preocupado, triste ou com raiva, observar a si mesmo pode ajudá-lo a parar e ver as ações que está fazendo. Você pode se perguntar se suas ações o estão ajudando. Em seguida, pode mudar suas ações se elas não o estiverem ajudando. Você pode fazer ações que sejam mais úteis.

Você pode praticar essa atividade sempre que seus pensamentos e sentimentos forem intensos – em casa, na escola ou em qualquer outro lugar. Você pode pedir aos seus pais que leiam as instruções para você e fechar os olhos enquanto ouve. Ou você mesmo pode ler as instruções e depois fechar os olhos.

> *Faça de conta que você está em um navio muito grande, pesado e seguro na água. Embora haja ondas, o navio está parado e tranquilo. Há uma tempestade lá fora. Há muitas nuvens escuras no céu. Imagine que seus pensamentos são as nuvens de tempestade. Você pode observá-las com segurança de dentro do navio. Toda vez que sua mente tiver um pensamento, coloque-o em uma nuvem de tempestade. Observe as nuvens de tempestade e veja como elas são. Observe a si mesmo, dentro de um navio, observando as nuvens de tempestade. Em seguida, escreva alguns de seus pensamentos sobre as nuvens de tempestade na próxima página.*

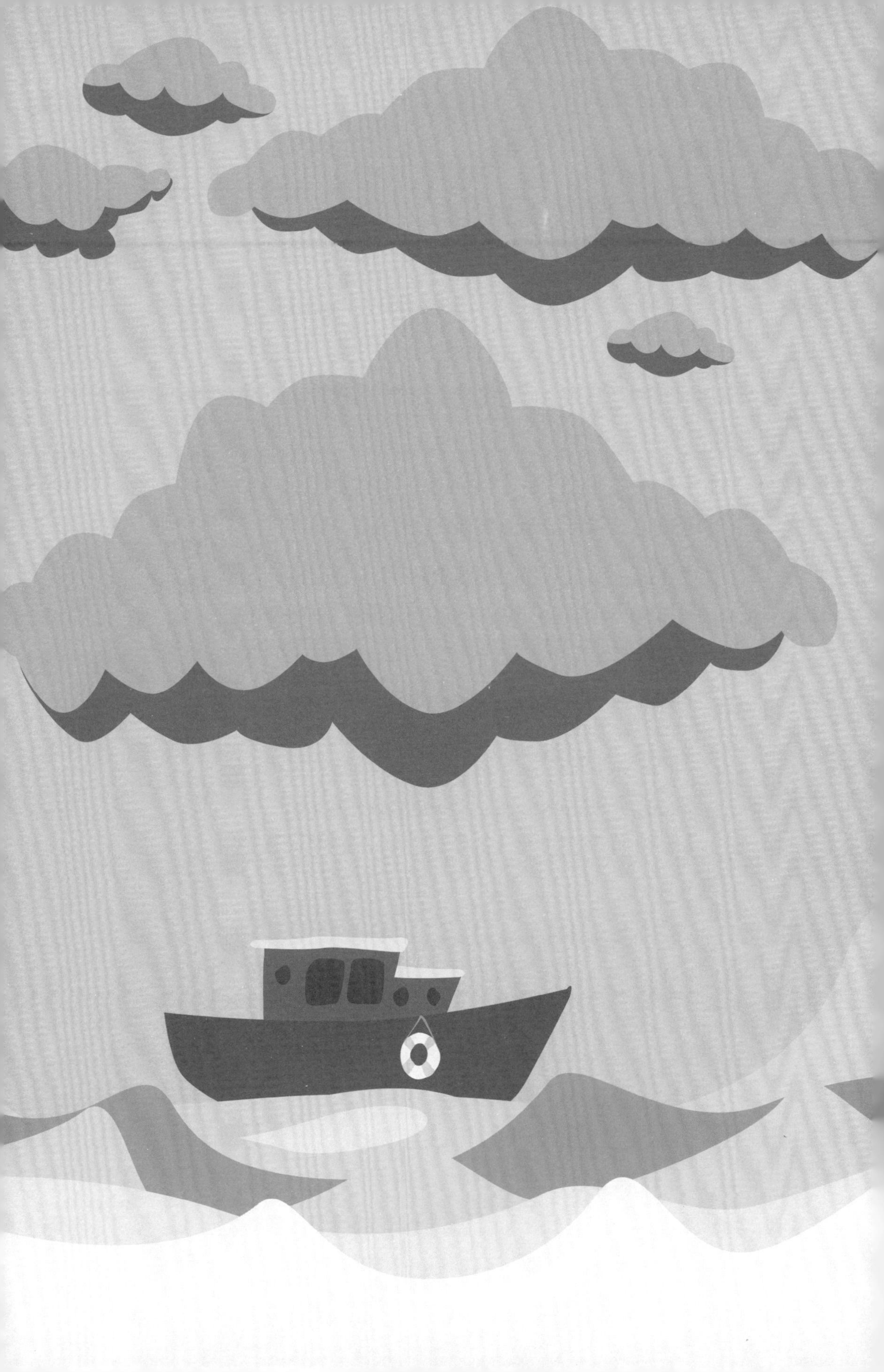

LEMBRETES:

Fique aqui e observe-se

- Seus pensamentos e sentimentos são uma parte de você, mas eles não são tudo de você.

- Coloque suas mãos nas laterais de sua barriga. Respire lentamente pelo nariz e expire pela boca. Sinta sua barriga aumentar e diminuir suavemente.

- Pratique ficar aqui durante as coisas que você faz todos os dias, como escovar os dentes e comer.

- Seus pensamentos e sentimentos mudam. Eles não permanecem os mesmos o tempo todo.

- Observe o que está pensando e sentindo. Em seguida, pratique não fazer tudo o que sua mente lhe diz para fazer, como não gritar quando sua mente lhe diz para fazê-lo.

- Quando seus pensamentos e sentimentos parecerem muito intensos, imagine ver uma grande placa que diz *PARE!* Depois, pergunte a si mesmo se você está melhorando ou piorando as coisas.

- Imagine que você está em um navio e que seus pensamentos são nuvens de tempestade que você observa de dentro do navio. Coloque cada pensamento em uma nuvem de tempestade. Observe as nuvens e perceba que você está observando.

Para obter uma cópia destes Lembretes para impressão, acesse a página do livro em loja.grupoa.com.br.

VOCÊ VAI CONSEGUIR

SEÇÃO 5

Seja gentil e atencioso consigo mesmo

Nesta seção, você verá como *ser gentil e atencioso consigo mesmo*. Você aprenderá como Maria, Adriano e Lia usaram essas ações para ajudá-los a lidar com seus pensamentos e sentimentos.

Quando você fala consigo mesmo, às vezes pode ser difícil ser gentil e atencioso. Sua mente pode ser maldosa com você ou repreendê-lo. Sua mente pode dizer que você não está fazendo as coisas suficientemente bem ou que não está se esforçando o suficiente. Quando você se sente preocupado, triste, com raiva ou com outro sentimento desafiador, falar consigo mesmo de forma maldosa ou indelicada geralmente faz com que você se sinta ainda pior.

Quando você fala com pessoas com quem se importa muito, como familiares e amigos, você provavelmente fala com elas de forma gentil e atenciosa. Quando você fala consigo mesmo de forma gentil e atenciosa, seus pensamentos e sentimentos se tornam menos poderosos. Assim, você pode lidar melhor com eles.

SEJA GENTIL E ATENCIOSO CONSIGO MESMO

Ser gentil e atencioso consigo mesmo significa usar palavras agradáveis ao falar consigo mesmo. Significa também cuidar bem de si mesmo e lembrar-se de que está dando o melhor de si. Você também pode dizer algo para si mesmo como "boa tentativa" ou "bom trabalho" quando tentar fazer coisas que considera difíceis. Isso o ajudará a continuar tentando e a ficar mais calmo.

As atividades desta seção o ajudarão a praticar a gentileza e o cuidado consigo mesmo.

A história de Maria

Eu estava muito preocupada em tocar piano em meu recital. Tinha medo de cometer erros. Minha mente era maldosa comigo. Minha mente dizia que eu não era boa no piano e que não tinha praticado o suficiente. Quando isso acontecia, eu dizia a mim mesma que o piano era difícil para mim e que eu estava dando o meu melhor. Eu também havia praticado bastante para tocar no recital. Durante o recital, quando me sentia nervosa, eu dizia a mim mesma que estava me saindo muito bem. Isso me ajudou a me acalmar. Depois do recital, eu disse a mim mesma que tinha feito um ótimo trabalho e me senti orgulhosa.

ATIVIDADE 34

Pote de declarações gentis e atenciosas

Você já teve um treinador que falou com você ou com sua equipe de forma muito gentil e atenciosa? Talvez o treinador tenha notado que você ou a equipe se esforçaram muito e estavam fazendo um ótimo trabalho. Pense no que um treinador gentil e atencioso poderia dizer a você. Esta atividade o ajudará a se lembrar dessas declarações.

COMO FAZER UM POTE DE DECLARAÇÕES GENTIS E ATENCIOSAS

Para esta atividade, você escreverá frases gentis e atenciosas e encherá um pote com elas.

MATERIAIS

- Pote de plástico ou vidro
- Pedaços de papel de cores diferentes
- Marcadores coloridos
- Etiqueta adesiva simples, cola ou fita adesiva

INSTRUÇÕES

- Corte tiras de papel, usando algumas cores diferentes. Faça as tiras grandes o suficiente para escrever uma ou duas frases nelas.

- Em cada tira de papel, escreva o que um treinador gentil e atencioso poderia dizer a você. Use uma tira de papel para cada declaração. Coloque as tiras de papel no pote.

- Se você tiver um rótulo, escreva nele um nome para o pote e decore-o com os marcadores. Cole a etiqueta na parte externa do pote. Se você não tiver um rótulo, escreva e decore uma tira de papel. Use cola ou fita adesiva para colá-la no pote.

Quando você se sentir preocupado, triste, com raiva ou com outro sentimento desafiador, retire algumas das tiras e leia-as para si mesmo. Depois recoloque-as no pote.

A história de Adriano

Às vezes, fico com raiva muito rapidamente. Então, meu corpo fica quente e meu rosto fica vermelho. Sinto-me como um vulcão prestes a explodir! Quando isso acontece, imagino que um treinador gentil e atencioso está falando comigo. Isso me ajuda a me acalmar. Depois, digo a mim mesmo que estou bem e que consegui me acalmar muito bem. Sinto-me orgulhoso quando consigo me acalmar.

ATIVIDADE 35

Fazendo um discurso sobre alguém de quem você gosta

Imagine que você vai fazer um discurso na festa de alguém com quem você se importa muito. Pode ser um membro da família, um amigo, outra pessoa ou seu animal de estimação. Pense nas palavras gentis e carinhosas que você poderia usar. Imagine como você se sente ao dizer essas palavras. Faça de conta que a pessoa está muito satisfeita com seu discurso. Ela lhe diz o quanto se importa com você. Observe como você se sente em seu corpo ao ouvir isso.

Sempre que se sentir preocupado, triste, com raiva ou com outro sentimento intenso, você pode recriar essa sensação imaginando fazer esse discurso. Depois, imagine a pessoa dizendo o quanto ela se importa com você e observe como seu corpo se sente.

Escreva um discurso gentil e atencioso sobre alguém de quem você gosta no espaço a seguir.

_____
_____
_____
_____
_____
_____
_____

ATIVIDADE 36
Lembretes com letras

Crie um ditado de três palavras que o ajudará a praticar a gentileza e a atenção consigo mesmo. Escreva a primeira letra de cada palavra nos quadrados a seguir. Por exemplo: "Você vai conseguir" (V-V-C) ou "Está indo bem" (E-I-B). Escolha seu ditado favorito e escreva as letras grandes nos quadrados a seguir. Você pode colorir ou enfeitar os quadrados da maneira que preferir. Depois, na linha acima dos quadrados, escreva quando pode ser útil usar seu ditado de três palavras.

V   V   C   Você vai conseguir!

ATIVIDADE 37

Fazendo amizade com sua mente

Você está bem. Estou aqui para ajudá-lo e tenho orgulho de você.

Às vezes, pode parecer que sua mente tem muito poder sobre você. Isso pode acontecer quando seus sentimentos são muito intensos e você acredita em tudo o que sua mente diz. Por exemplo, sua mente pode dizer: "Não vá para a escola, sua barriga está doendo" ou "Não vá para o treino de basquete, você está muito preocupado com a possibilidade de não jogar bem".

Se isso acontecer, faça amizade com sua mente. Agradeça à sua mente por estar cuidando de você e diga a ela que não vai permitir que ela mande em você. Depois, coloque uma mão no ombro oposto e diga: "Você está bem. Você tem tudo o que precisa para passar por isso. Estou aqui para ajudá-lo e tenho orgulho de você".

No espaço a seguir, faça um desenho de você fazendo amizade com sua mente.

ATIVIDADE 38 — Imaginando um lugar calmo e tranquilo

Feche os olhos e imagine um lugar onde você se sinta calmo e tranquilo. Pode ser o seu quarto, o quintal da sua casa, a praia, um bosque, um lugar com animais ou qualquer outro lugar. Observe como seu corpo e sua mente se sentem ao imaginar esse lugar. Sempre que se sentir preocupado, triste, com raiva ou com outro sentimento desafiador, você pode imaginar esse lugar. Você pode imaginar esse lugar sempre que quiser, quando estiver em casa, na escola ou em outro lugar. Quando o fizer, pratique falar consigo mesmo de forma gentil e atenciosa.

A história de Lia

Às vezes, fico triste com a morte de meu cachorro, Bob. Quando isso acontece, fecho os olhos e penso em ir à praia. Imagino que estou coletando conchas, construindo castelos de areia e nadando no oceano. Isso me ajuda a ficar calma. Depois, digo a mim mesma que não há problema em ficar triste com a falta do Bob e que vou ficar bem.

Se desejar, pinte a imagem com marcadores coloridos, lápis ou giz de cera para deixá-la o mais tranquila possível.

O livro da terapia de aceitação e compromisso para crianças   103

ATIVIDADE 39 — Pensamentos, sentimentos e ações

Pense em algo que o preocupa, entristece ou irrita e escreva na coluna "Situação" da tabela a seguir. Na sequência, escreva o que está pensando na coluna "Pensamento" e o que está sentindo na coluna "Sentimento". A seguir, responda às três perguntas da tabela. Eu dei um exemplo.

Preencha os espaços em branco para outras situações em que você acha que terá dificuldade. Talvez você queira pedir a seus pais que o ajudem com essa atividade.

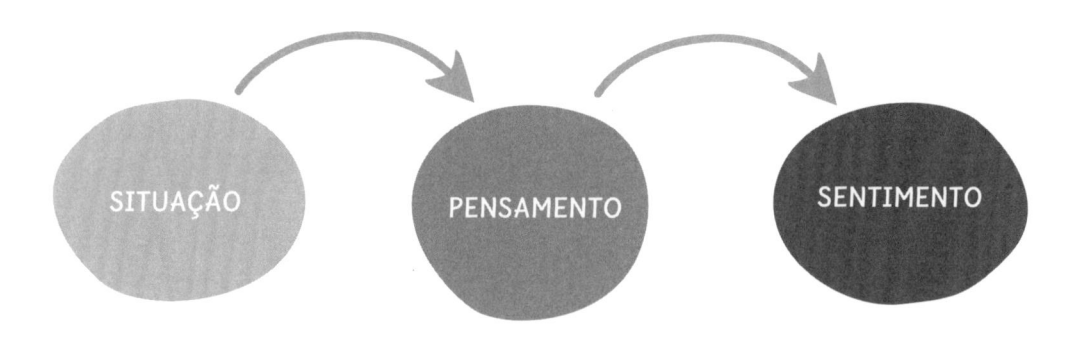

SITUAÇÃO → PENSAMENTO → SENTIMENTO

SITUAÇÃO	PENSAMENTO	SENTIMENTO	O QUE VOCÊ PODERIA FAZER	O QUE PODE ACONTECER	COMO EU PODERIA FALAR COMIGO MESMO DE FORMA GENTIL E ATENCIOSA?
Participar de uma excursão escolar em um lugar novo.	Não sei o que esperar.	Preocupado	Ir na excursão. Minhas preocupações podem vir comigo.	Vou me divertir com meus amigos e aprender coisas interessantes. Ficarei feliz por ter ido!	Não há problema em se sentir preocupado. Nada de ruim vai acontecer comigo. Já participei de excursões antes. Ficarei bem!

No futuro, você pode desenhar a sua própria tabela para ajudá-lo em situações em que acha que terá dificuldade. Inclua espaços em branco para você escrever. Use os mesmos títulos desta tabela. O preenchimento da tabela o ajudará a desenvolver um plano de ação. Isso também o ajudará a falar consigo mesmo de forma gentil e atenciosa.

SITUAÇÃO	PENSAMENTO	SENTIMENTO

O QUE VOCÊ PODERIA FAZER?	O QUE PODE ACONTECER?	COMO EU PODERIA FALAR COMIGO MESMO DE FORMA GENTIL E ATENCIOSA?

ATIVIDADE 40 — Caça-palavras

O caça-palavras a seguir contém algumas palavras que você viu nesta seção sobre ser gentil e atencioso consigo mesmo. Tente encontrar as palavras para ajudá-lo a se lembrar do que aprendeu nesta seção.

AÇÕES	GENTIL	PODER
ATENCIOSO	IMAGINE	SENTIMENTO
CALMO	MENTE	TRANQUILO
CONTINUE	MUITO BOM	TREINADOR
DISCURSO	PARABÉNS	VOCÊ VAI CONSEGUIR
	PENSAMENTO	

O livro da terapia de aceitação e compromisso para crianças   109

Faça um círculo em torno das palavras a seguir ou pinte-as com um marcador claro. Dica: as palavras aparecem na horizontal, na vertical e na diagonal (em um ângulo).

```
O  U  P  S  N  W  I  O  E  T  O  A  P  U  R  N  T  I  B  A
E  R  C  G  O  N  T  E  B  S  R  C  O  Y  H  L  R  T  M  E
S  V  G  G  L  O  N  P  O  I  M  A  H  S  Y  D  A  L  P  N
M  R  O  I  E  A  D  I  T  Y  E  L  P  E  N  D  N  I  E  A
G  H  T  C  B  N  C  I  L  M  E  M  R  N  Y  T  Q  S  N  B
E  A  R  F  Ê  N  T  S  T  W  B  O  N  T  E  I  U  P  S  A
O  R  T  E  E  V  N  I  L  P  M  R  I  I  E  V  I  O  A  L
N  R  A  T  M  É  A  T  L  B  C  O  K  M  L  E  L  D  M  V
S  T  A  R  B  M  G  I  H  N  A  O  S  E  C  X  O  E  E  O
P  I  R  A  C  U  A  O  C  L  N  R  N  N  I  T  P  R  N  O
C  U  R  R  S  I  A  Q  T  O  B  E  U  T  C  F  O  G  T  N
R  A  E  O  T  T  W  C  N  H  N  R  O  O  I  S  A  I  O  B
P  T  E  O  L  O  R  H  T  I  P  S  A  I  R  N  R  D  S  N
U  A  H  W  D  B  I  B  G  O  G  S  E  U  T  A  U  C  O  M
P  M  R  E  T  O  N  A  A  P  S  R  C  G  M  L  S  E  O  N
R  C  E  L  E  M  M  G  D  E  O  S  T  K  U  I  N  E  D  O
H  R  N  N  F  I  A  B  Õ  T  I  M  C  E  R  I  P  O  M  I
N  E  S  A  T  O  F  Ç  U  D  E  K  C  A  D  N  R  T  E  U
P  A  I  M  O  E  A  C  T  R  E  I  N  A  D  O  R  E  A  U
L  Q  O  C  I  E  A  D  R  N  B  E  T  O  M  D  N  F  A  S
```

LEMBRETES:

Seja gentil e atencioso consigo mesmo

- Quando você tentar fazer coisas que considera difíceis, diga a si mesmo *muito bem*, *boa tentativa* ou *bom trabalho* depois.

- Imagine um treinador gentil e atencioso. O que ele diria quando você ou a equipe estivessem se esforçando muito?

- O que alguém que se importa com você diria em um discurso sobre você?

VOCÊ CONSEGUE!

- Pense em um ditado que o ajudará a praticar a gentileza e o cuidado consigo mesmo, como "Você vai conseguir".

- Faça amizade com sua mente. Coloque uma mão no ombro oposto e diga: "Você está bem, você vai superar isso e estou orgulhoso de você!"

- Imagine um lugar calmo e tranquilo onde você se sinta em paz. Depois, fale consigo mesmo de forma gentil e atenciosa.

- Quando se sentir triste, preocupado ou com raiva, pergunte a si mesmo o que poderia fazer, o que poderia acontecer e como poderia falar consigo mesmo de forma gentil e atenciosa.

Para obter uma cópia destes Lembretes para impressão, acesse a página do livro em loja.grupoa.com.br.

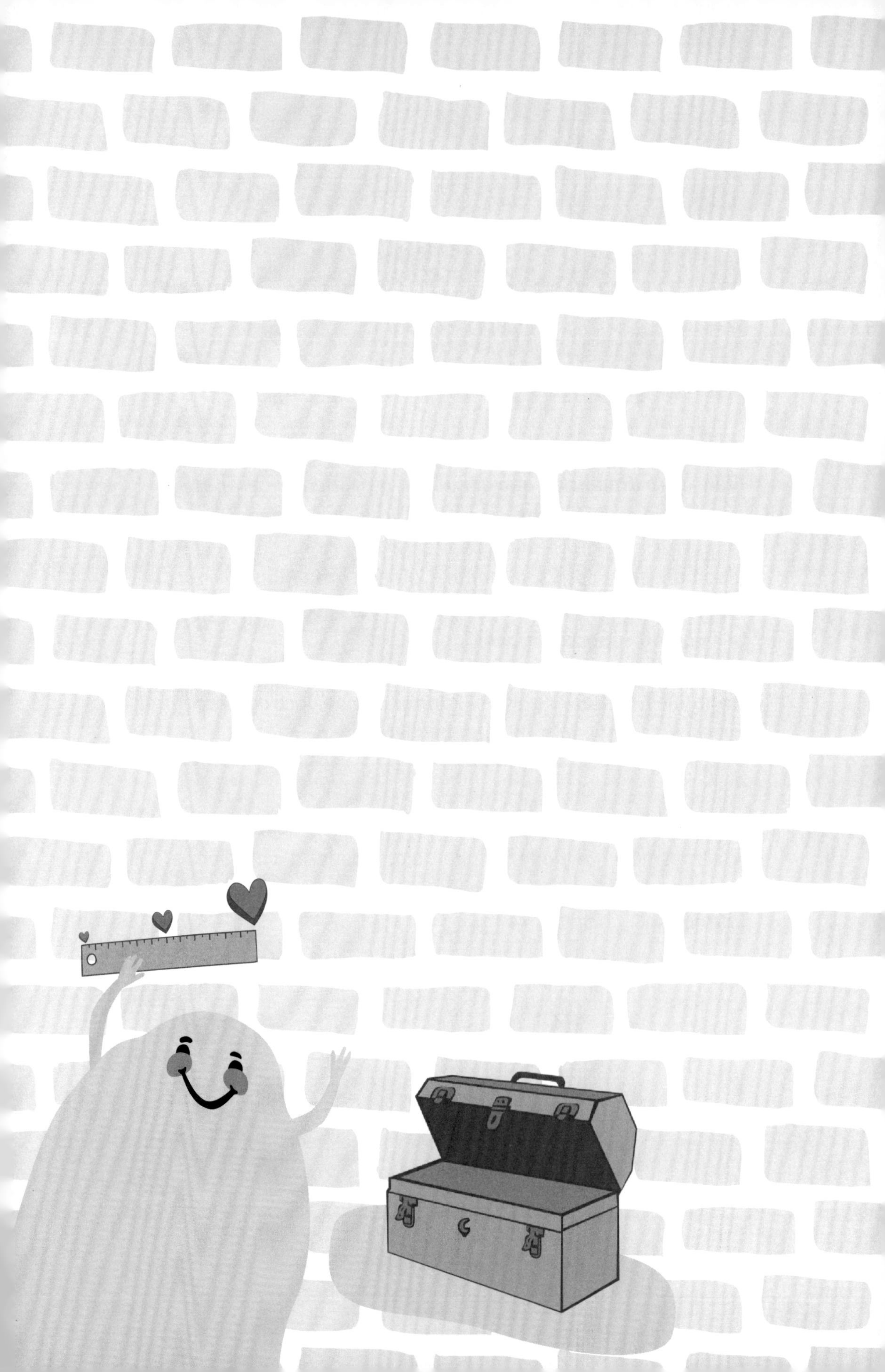

SEÇÃO 6

Juntando tudo

Neste livro, você aprendeu novas maneiras de lidar com seus pensamentos e sentimentos. Essas ações incluem o que foi visto em:

- Deixe acontecer e deixe ir (Seção 2)
- Escolha o que importa e faça o que importa (Seção 3)
- Fique aqui e observe-se (Seção 4)
- Seja gentil e atencioso consigo mesmo (Seção 5)

Esta seção o ajuda a reunir todo esse aprendizado. Aqui estão mais duas atividades que você pode fazer para lidar com seus pensamentos e sentimentos.

ATIVIDADE 41

Formando sua equipe

Pense em quem pode apoiar você quando tiver dificuldade para lidar com seus pensamentos e sentimentos. Pode ser um dos seus pais ou outra pessoa de sua família, um amigo, um professor ou outra pessoa. É bom ter algumas pessoas a quem você possa pedir ajuda, caso alguém não esteja disponível. Você não precisa lidar com seus pensamentos e sentimentos sozinho, especialmente quando eles são muito intensos. Não há problema em pedir ajuda!

Pense em cinco pessoas às quais você poderia pedir ajuda quando estiver preocupado, triste, zangado ou com outro sentimento desafiador e escreva os nomes delas no espaço fornecido. Essa atividade o ajudará a desenvolver uma equipe de apoio. Quando quiser apoio para lidar com seus pensamentos e sentimentos, você saberá a quem pedir.

SUA EQUIPE

_____

_____

_____

_____

_____

ATIVIDADE 42

Seu *kit* de ferramentas de enfrentamento

Leia este livro e escolha algumas ações que você acha que mais o ajudarão a lidar com seus pensamentos e sentimentos.

Assinale com uma marca (√) as ferramentas que foram mais úteis, para que você possa usar esta página como lembrete no futuro.

- ○ Régua do "quanto você se importa"
- ○ Quando seus pensamentos e sentimentos aparecem?
- ○ Seu mapa corporal
- ○ Qual é a aparência dos seus sentimentos?
- ○ Não pense em "sorvete"
- ○ Deixando seus pensamentos fluírem
- ○ Convidando seus pensamentos e sentimentos
- ○ Cumprimentando seus pensamentos e sentimentos
- ○ Fazendo uma garrafa de *glitter*
- ○ Trocando mensagens em um telefone celular
- ○ Dando um título de filme a seus pensamentos
- ○ Imaginando cabines em uma roda-gigante
- ○ Cantando seus pensamentos
- ○ Soprando bolhas de sabão
- ○ Coisas com as quais você se importa
- ○ A varinha mágica
- ○ Agenda para fazer coisas que lhe interessam
- ○ Fazendo uma caixa do tesouro
- ○ O quê? Como? Qual?
- ○ O polvo flexível
- ○ Fique aqui enquanto come
- ○ Fique aqui enquanto respira
- ○ Fique aqui enquanto adormece
- ○ Imaginando uma placa de PARE
- ○ A montanha dos sentimentos
- ○ No fundo do mar
- ○ Passeio em um balão
- ○ Folhas de uma árvore
- ○ Um navio parado e tranquilo
- ○ Pote de declarações gentis e atenciosas
- ○ Fazendo um discurso sobre alguém de quem você gosta
- ○ Lembretes com letras
- ○ Fazendo amizade com sua mente
- ○ Imaginando um lugar calmo e tranquilo
- ○ Pensamentos, sentimentos e ações
- ○ Formando sua equipe

Tchau e boa sorte!

Agora que terminou de ler este livro e de fazer as atividades, você tem muitas habilidades novas para ajudá-lo a lidar com seus pensamentos e sentimentos. Você pode voltar e ler este livro novamente sempre que quiser. Ou você pode pensar nas atividades e escolher uma ou duas de cada vez para praticar.

Talvez você queira imprimir as páginas de lembrete e colocá-las em seu quarto. (Cópias para impressão estão disponíveis na página do livro em loja.grupoa.com.br.) Ao lê-las, você se lembrará do que aprendeu. Você pode usar essas ações quando se sentir triste, preocupado, com raiva ou com qualquer outro sentimento intenso.

Recomendo que você tente praticar essas novas habilidades duas ou três vezes por semana. Isso o ajudará a melhorar o uso dessas habilidades e a se lembrar de usá-las.

Boa sorte!

Referências

Black, T. D. 2022. *ACT for Treating Children: The Essential Guide to Acceptance and Commitment Therapy for Kids*. Oakland, CA: New Harbinger Publications.

Gilbert, P. 2009. *The Compassionate Mind: A New Approach to Life Challenges*. London: Constable.

Harris, R. 2009. *ACT Made Simple: An Easy-to-Read Primer on Acceptance and Commitment Therapy*. Oakland, CA: New Harbinger Publications.

Harris, R. 2007. *The Happiness Trap: Stop Struggling, Start Living*. Wollombi, NSW, Australia: Exisle Publishing.

Hayes, S. C., and S. Smith. 2005. *Get Out of Your Mind and Into Your Life: The New Acceptance and Commitment Therapy*. Oakland, CA: New Harbinger Publications.

Hayes, S. C., K. D. Strosahl, and K. G. Wilson. 1999. *Acceptance and Commitment Therapy: An Experiential Approach to Behavior Change*. New York: Guilford Press.

Twohig, M. P. "ACT for Anxiety Disorders." Two-day workshop presented at the Association for Contextual Behavioural Science Australia and New Zealand Chapter Annual Conference, Sunshine Coast, Australia, 2014.

RECURSOS PARA ATIVIDADES

Atividade 8: Inviting Your Thoughts and Feelings. Adapted from Coyne, L. W. "Using ACT with Children, Adolescents and Parents: Getting Experiential in Family Work." Conference session presented at the Australian Psychological Society Child, Adolescent, and Family Psychology Interest Group, Adelaide, SA, Australia, 2011.

Atividade 15: Singing Your Thoughts. Adapted from Hayes, S. C., and S. Smith. 2005. *Get Out of Your Mind and Into Your Life: The New Acceptance and Commitment Therapy*. Oakland, CA: New Harbinger Publications.

Atividade 24: Floppy Octopus. Adapted from Saltzman, A. and P. Goldin. 2008. "Mindfulness-Based Stress Reduction for School-Age Children." In L. A. Greco and S. C. Hayes (Eds.), *Acceptance and Mindfulness Treatments for Children and Adolescents: A Practitioner's Guide* (pp. 139–161). Oakland, CA: New Harbinger Publications.

Atividade 25: Staying Here While Eating. Adapted from Saltzman, A., and P. Goldin. 2008. "Mindfulness-Based Stress Reduction for School-Age Children." In L. A. Greco and S. C. Hayes (Eds.), *Acceptance and Mindfulness Treatments for Children and Adolescents: A Practitioner's Guide* (pp. 139–161). Oakland, CA: New Harbinger Publications.

Atividade 30: Under the Sea. Adapted from Hayes, S. C., and S. Smith. 2005. *Get Out of Your Mind and Into Your Life: The New Acceptance and Commitment Therapy*. Oakland, CA: New Harbinger Publications.

Atividade 33: Still, Quiet Ship. Adapted from Coyne, L. W. 2011. "Using ACT with Children, Adolescents and Parents: Getting Experiential in Family Work." Conference session presented at the Australian Psychological Society Child, Adolescent, and Family Psychology Interest Group, Adelaide, SA, Australia, 2011.

Atividade 38: Imagining a Calm and Quiet Place. Adapted from Bluth, K. 2017. *The Self-Compassion Workbook for Teens: Mindfulness and Compassion Skills to Overcome Criticism and Embrace Who You Are*. Oakland, CA: New Harbinger Publications, and Neff, K., and C. Germer. 2018. *The Mindful Self-Compassion Workbook: A Proven Way to Accept Yourself, Build Inner Strength, and Thrive*. New York: Guilford Press.

Atividade 39: Thoughts, Feelings, and Actions. Adapted from Kolts, R. L. 2016. *CFT Made Simple: A Clinician's Guide to Practicing Compassion-Based Therapy*. Oakland, CA: New Harbinger Publications.